Kaveh Ostad-Ali-Askari
Hossein Talebmorad
Ali Hasantabar-Amiri

Podejście oparte na naukach środowiskowych

Kaveh Ostad-Ali-Askari
Hossein Talebmorad
Ali Hasantabar-Amiri

Podejście oparte na naukach środowiskowych

Wydawnictwo Bezkresy Wiedzy

Imprint

Cover image: www.ingimage.com

Publisher:
Wydawnictwo Bezkresy Wiedzy
is a trademark of
International Book Market Service Ltd., member of OmniScriptum Publishing Group
17 Meldrum Street, Beau Bassin 71504, Mauritius

Printed at: see last page
ISBN: 978-620-0-81067-0

Tytuł książki:

Podejście oparte na naukach środowiskowych

Autorzy:

Kaveh Ostad-Ali-Askari1*, Hossein Talebmorad2 , Ali Hasantabar-Amiri3

[1] Student studiów doktoranckich, Wydział Inżynierii Wodnej, College of Agriculture, Isfahan University of Technology (IUT), Isfahan, Iran, kod pocztowy : 8415683111.*

[2MS].c. Gratuated, Department of Water Engineering, College of Agriculture, Isfahan University of Technology (IUT), Isfahan, Iran, Postal Code : 8415683111.

Wydział 3D inżynierii lądowej, Oddział w Lenjanie, Islamski Uniwersytet Azad, Lenjan, Iran.

Korrespondencja do:
Dr Kaveh Ostad-Ali-Askari , *doktorant, stypendysta postdoktorancki,*
Department of Water Engineering, College of Agriculture, Isfahan University of Technology (IUT), Isfahan, Iran, Postal Code : 8415683111.
Numer telefonu: +989126404309
Email: kaveh.oaa2000@gmail.com

2020

Uniwersytet Techniczny w Isfahanie

Isfahan University of Technology (IUT) (perski: صنعتی دانشگاه صنعتی Dāneshgāh-e San'ati-ye Esfahān) jest jednym z najbardziej prestiżowych uniwersytetów w Iranie. Isfahan University of Technology (IUT), jako jeden z wiodących uniwersytetów w Iranie, został założony w 1974 roku, a swoją działalność akademicką rozpoczął w 1977 roku. IUT jest jednym z pionierów wśród uniwersytetów krajowych i znalazł się w czołówce uniwersytetów azjatyckich w międzynarodowych rankingach uniwersyteckich. IUT posiada 14 wydziałów i departamentów z około 11000 studentów i 600 członków akademickich i oferuje cztery dyscypliny inżynierii, nauk podstawowych, rolnictwa i zasobów naturalnych we wszystkich trzech poziomach studiów BSc, MSc i PhD. IUT znajduje się w centralnej części kraju o łącznej powierzchni 2300 hektarów ziemi. Z tego 400 ha powierzchni zostało przeznaczone na główny kampus. Główny kampus, przypominający małe miasteczko, zawiera wszystkie budynki edukacyjne lub badawcze, a także nowoczesne akademiki, w których mieszka ponad 5000 studentów oraz kwatery mieszkalne, które zapewniają pracownikom akademickim domy w zabudowie bliźniaczej. W celu ułatwienia pracy studentom i pracownikom, IUT oferuje również centrum służby zdrowia, centra handlowe, sportowe i rekreacyjne na terenie kampusu. IUT posiada 11000 studentów studiów dziennych i absolwentów trzech dyscyplin: Inżynierii, Nauk Podstawowych, Rolnictwa i Zasobów Naturalnych. W skład IUT wchodzi Kolegium Rolnictwa (z dziesięcioma wydziałami), dziewięć wydziałów Inżynierii, trzy wydziały Nauk Podstawowych, jeden wydział Zasobów Naturalnych z trzema wydziałami, siedem ośrodków badawczych i wiele grup badawczych. Ponieważ znajduje się on w samym sercu kompleksów przemysłowych, dał możliwość wzmocnienia wzmocnienia przemysłowego miasta Isfahan i Iranu. Uniwersytet ten odniósł na tyle duży sukces, że nawiązał silne więzi z przemysłem i przeprowadził około 2000 projektów badawczych z różnymi krajowymi organami przemysłowymi. Jeśli chodzi o technologię, mamy zaszczyt być inicjatorem Isfahan Science and Technology Town (ISTT), które jest jednym z liderów na Bliskim Wschodzie. Połączenie IUT i ISTT prowadzi do zacieśnienia współpracy pomiędzy IUT i organizacjami przemysłowymi w regionie w celu realizacji większej ilości projektów badawczych, określenia programu nauczania opartego na potrzebach przemysłu, zapewnienia studentom możliwości eksperymentowania w zakresie rozwiązywania rzeczywistych problemów w oparciu o potrzeby społeczeństwa, jako programu szkoleniowego, kształcenia naszych studentów i absolwentów na przedsiębiorców.

Misja uniwersytecka

Celem Isfahan University of Technology, jako instytucji szkolnictwa wyższego, jest przyczynianie się do kształcenia młodzieży w Islamskiej Republice Iranu, a w szczególności całego świata, oraz do postępu wiedzy. W związku z długoterminowymi planami rządu Islamskiej Republiki Iranu dotyczącymi szerszego zakresu szkolnictwa wyższego, IUT podjął wybitne kroki w kierunku ustanowienia tytułów magistra i doktora we wszystkich dziedzinach inżynierii, nauki i rolnictwa jako sposobu na osiągnięcie naukowej samowystarczalności.

Politechnika w Isfahanie dąży do doskonałości we wszystkich programach i działaniach. To wyzwanie dla wysokich osiągnięć tworzy dynamiczną atmosferę.

IUT jest zobowiązany do zapewnienia równych szans edukacyjnych wszystkim wykwalifikowanym kandydatom. Ugruntowana krajowa i międzynarodowa reputacja IUT opiera się na jakości i wyróżniającej się działalności badawczej i naukowej jego wydziałów i studentów. IUT założył Międzynarodowy Kampus w celu zwiększenia liczby studentów i wydziałów międzynarodowych oraz rozwoju metod i programów e-learningowych i zachęcenia zagranicznych członków społeczności akademickiej do współpracy poprzez środowisko e-learningowe.

Niektóre strategiczne interesy uniwersytetu są następujące:

- Opracowanie strategicznego planu osiągnięcia zielonych metryk w IUT (Green University)
- Ustanowienie dalszych umów i powiązań z akredytowanymi światowymi uniwersytetami, w szczególności z uniwersytetami świata islamskiego
- Poprawa rankingu uniwersytetów wśród renomowanych uczelni
- Poprawa współpracy z przemysłem
- Zwiększanie liczby centrów doskonałości i ośrodków badawczych
- Rozwój wspólnych badań z zagranicznymi instytucjami naukowymi
- Zwiększanie wkładu uczelni w publikacje naukowe
- Dostarczanie i ulepszanie zaplecza badawczego
- Poprawa stosunku liczby pracowników naukowych do liczby studentów
- Ulepszanie metod programów E-Learningowych
- Zwiększenie dochodów z badań uniwersyteckich w przemyśle
- Wzmocnienie firm opartych na wiedzy, parków technologicznych i inkubatorów

Odpowiednia biografia autora:

Dr Kaveh Ostad-Ali-Askari *był nadzorowany przez prof. Mohammada Shayannejada podczas jego doktoratu.*

studia na Wydziale Inżynierii Wodnej w Wyższej Szkole Rolniczej w Isfahan University of Technology (IUT),

Isfahan, Iran. Kaveh opublikował dużą liczbę książek naukowych, raportów, rozdziałów, czasopism i

referaty z konferencji. Kaveh przyczynił się do powstania ponad 400 publikacji w czasopismach, książkach, rozdziałach i

raporty techniczne. Odnosił sukcesy w szeregu grantów badawczych. Kaveh był redaktorem

członek 4 międzynarodowych czasopism ISI i recenzent techniczny dla około 10 czasopism naukowych. Prezentuje on

bogate doświadczenie dydaktyczne w zakresie: systemu modelowania wód podziemnych i hydrogeologii, nauk środowiskowych oraz

obszar zmian klimatycznych. Kaveh nauczał i opracował materiały szkoleniowe dla około 11 przedmiotów na różnych poziomach zaawansowania.

i nadzorował ponad 9 absolwentów. Kaveh współpracował z kilkoma firmami z obszaru wód gruntowych.

Podczas swojej przynależności do American University Dubai i Canadian University Dubai, Kaveh opracował

badanie i prognozowanie ilości zasobów wód podziemnych przy użyciu modelu GMS w kontekście zmian klimatu

Warunki. Niedawno odbył wizyty naukowe w kilku hrabstwach, zwłaszcza w Kanadzie i Wielkiej Brytanii,

Szwajcaria, Austria, Niemcy, Chiny, Turcja i Zjednoczone Emiraty Arabskie w zakresie współpracy naukowej.

Spis treści

Perface

Irańska Agencja Ochrony Środowiska, za pośrednictwem szeregu swoich krajowych laboratoriów badawczych, publikuje kilka stosunkowo krótkich dokumentów, które przygotowują aktualne dane na temat aktualnego stanu informacji o ocenie miejsc środowiskowych i remediacji zanieczyszczonej gleby i wód gruntowych. Wiele z tych dokumentów stało się klasyką i jest szeroko cytowanych w procedurze oceny miejsca ekologicznego i remediacji. Inne, podobnie cenione prace nie wykazały, na ile zasługują na uwagę. Przez wiele lat zbierałem te szczegóły z Laboratorium Badań Środowiskowych EPA, Laboratorium Procesów Monitorowania Środowiska i Laboratorium Inżynierii Danger Decrease, i zdarzyło mi się, że dobrze by było, gdyby udało się je uzyskać w odpowiedniej formie do szerszego zastosowania. Ten potencjał, Sourcebook Inżynierii Środowiska EPA, kończy prace i biuletyny, które koncentrują się na remediacji zanieczyszczonych gleb i wód gruntowych. Companionable capacity, EPA Environmental Evaluation Sourcebook, podsumowuje dokumenty, które koncentrują się na postępowaniu z zanieczyszczeniami i procedurze transportu oraz modelowaniu i opisywaniu i sprawdzaniu miejsc środowiskowych.

Podziękowanie

Badania te były wspierane przez Uniwersytet Technologiczny w Isfahanie. Dziękujemy wszystkim autorom, którzy dostarczyli wgląd i wiedzę, które bardzo pomogły w badaniach.

Inżynieria środowiska

Streszczenie

Inżynieria środowiskowa to system technologii pracy, który wykorzystuje szerokie spektrum zagadnień metodologicznych, takich jak chemia, biologia, ekologia, geologia, hydraulika, hydrologia, mikrobiologia i matematyka do tworzenia rozwiązań, które zachowają, a także zwiększą bezpieczeństwo stworzeń nawykowych i zmienią modalność warunków. Inżynieria środowiska jest podsystemem inżynierii lądowej i chemicznej. Inżynieria środowiskowa jest podejściem technologicznym i inżynieryjnym mającym na celu poprawę i utrzymanie obwodu w celu: utrzymania bezpieczeństwa antropomorficznego, utrzymania dyspozycji użytecznych ekosystemów oraz lepszego powiązania ze środowiskiem modalności siedlisk ludzkich. Inżynierowie ochrony środowiska planują objaśnienia dotyczące organizacji ścieków, kontroli zanieczyszczeń wody i powietrza, ponownego przetwarzania, usuwania odpadów i dobrobytu publicznego. Planują oni obywatelskie źródła wody i schematy postępowania ze ściekami produkcyjnymi oraz strategie projektowe mające na celu zatrzymanie chorób wodnych i odzyskanie czystości w mieście, na wsi i w strefach rozrywkowych. Oceniają programy organizacji ryzykownych odpadów, aby ocenić stopień zagrożenia, ukierunkować działania i represje oraz opracować zasady postępowania w celu powstrzymania katastrof. Wykorzystują zasady inżynierii środowiskowej, tak jak w przypadku pomiaru wpływu planowanych programów budowlanych na środowisko. Inżynierowie ochrony środowiska badają wyniki badań naukowych nad sytuacją, odnosząc się do lokalnych i uniwersalnych kwestii środowiskowych, takich jak kwaśne deszcze, globalne ocieplenie, redukcja ozonu, zanieczyszczenie wody i powietrza przez spaliny samochodowe i bazy produkcyjne.

Słowa kluczowe:

Inżynieria Środowiska, Zanieczyszczenia, Ścieki, Zanieczyszczenia, Woda.

Rozdział 1 : Wprowadzenie

Podstawowym jest zarys idei równowagi zasobów i energii jako instrumentu przemyślanych procedur środowiskowych i rozwiązywania problemów inżynierii środowiska. Innym tematem jest koncepcja łatwości utrzymania, i zajmuje się tematami utrzymania wody, minimalizacji ilości błota w przewodnictwie wodnym, przewodnictwa lądowego ścieków, fortyfikacji warstwy ozonowej (Mackenzie L. Davis; David A, 2008). Inżynieria środowiskowa zazwyczaj bierze pod uwagę automatyczne urządzenia wymagane do przygotowania satysfakcjonującej sytuacji - termicznej, fotograficznej i akustycznej w konstrukcji. Jednakże, na coraz wyższym poziomie, inżynieria środowiskowa staje się coraz bardziej precyzyjna i obejmuje wszystkie funkcje ergonomiczne, takie jak higiena, transport, urządzenia elektryczne, pokrycie konstrukcji, projekt przestrzeni, kolor itp. To wszystko jest powodem, który do niedawna oznaczał całkowicie autonomiczne dyscypliny. Stopień, w jakim ciepło jest wytwarzane w organizmie, zależy prawie całkowicie od ruchu i tylko w bardzo niewielkim stopniu od temperatury otoczenia. Znajomość tego tempa tworzenia się ciepła jest niezbędna do zajęcia obciążenia chłodniczego w kompaktowo wyposażonych obiektach, takich jak teatry. Podstawowym pytaniem, na które należy odpowiedzieć, jest pytanie, jakiego rodzaju środowiska potrzebują ludzie dla dobrego samopoczucia. Dobre samopoczucie w tej inteligencji jest związane z ciepłem, światłem i dźwiękiem, a nie z przestrzenią, wyglądem czy estetyką. Istoty antropologiczne są biegłe w istnieniu w zagrażających życiu okolicznościach ciepła i zimna poprzez różnicę w ubiorze i zamieszaniu. Ale w zwykłym środowisku o stosunkowo nieruchomych wartościach odzieży i rozsądnym działaniu, tylko drobna różnica temperatur jest zadowalająca dla komfortu.

Ideologie Inżynierii Środowiska są planowane do rozwoju w zakresie wstępnej inżynierii środowiska dla uczonych drugiego stopnia lub młodszych. Niniejszy manuskrypt zawiera informacje na temat ważnej wiedzy i ideologii inżynieryjnej w zakresie inżynierii środowiska dla naukowców, którzy mogą lub nie mogą zostać inżynierami ochrony środowiska. Ideologie mają większe znaczenie dla wartości technicznych, moralności i bezpieczeństwa, a mniej uwagi poświęca się planom inżynierskim. W manuskrypcie naukowcy są narażeni na wiele różnych tematów związanych z ochroną środowiska - ponad organizacją zagrożeń, jakością wody i postępowaniem, zanieczyszczeniem powietrza, odpadami niebezpiecznymi, odpadami stałymi i promieniowaniem jonizującym, a także na dyskusję na temat związanych z tym zasad i zastosowań. W manuskrypcie stosuje się również równowagę ciała i energii jako instrument do rozważenia procedur środowiskowych i rozwiązywania problemów inżynierii środowiskowej. To nowatorskie wydanie kończy rozdział poświęcony biologii, jak również dogłębne zapoznanie się z wartościami środowiskowymi i rozmowę o tym, jak te wartości są kształtowane (Davis M, 2013).

Przegląd do Inżynierii Środowiska, zawiera ważną wiedzę i wartości inżynieryjne wymagane dla sekwencji wstępnych i stosowane jako podstawa dla bardziej progresywnych sekwencji w inżynierii środowiska. Dzięki najnowszym zasadom EPA, Davis i Cornwell wykorzystują postrzeganie zrównoważonego rozwoju oraz równowagi zasobów i energii jako zasobów rozważnych i rozwiązujących problemy inżynierii środowiskowej. Wartości i prawa są najbardziej aktualne i znane w rękopisie inżynierii środowiskowej (Mackenzie Davis i David Cornwell, 2012).

Do tej pory istniał znaczny rozziew pomiędzy wyrafinowanym znaczeniem zmiany dobrego samopoczucia i korzyścią wynikającą z hipotetycznych finansów dobrego samopoczucia a doraźnymi metodami doświadczalnymi stosowanymi przez niektórych badaczy w celu odgadnięcia okoliczności, w których rozwój środowiska zatrzymał się na kontroli zanieczyszczenia powietrza i wody. W tym rękopisie Freeman łączy tę lukę ze wspólnym teoretycznym działaniem idei asystentów i metod doświadczalnych odpowiednich do ich wymiaru. Określa on metody przybliżania wielu form substancji pomocniczych, pokazuje, jak są one związane z podstawowym modelem ekonomiczno-politycznym, a także rozważa niektóre z wad i trudności w stosowaniu tych metod. Model indywidualny-preferencyjny jest stosowany jako wskaźnik, w przeciwieństwie do którego hipotetyczna zdolność doświadczalnych metod przybliżania może zostać ograniczona. Freeman zawiera metodyczne badanie, w jaki sposób można zastosować powiązania pomiędzy zapotrzebowaniem na rzeczy społeczne a rzeczami odizolowanymi w celu wyprowadzenia teoretycznie kompleksowych szacunków pomocy z wyników rynkowych. Omawia również metody nierynkowe, takie jak recenzje i gry licytacyjne. Przy bezstronnej obsłudze wybiera odpowiednią metodę dla konkretnego ustalenia; Freeman bada te metody, które mają solidne podstawy doświadczalne (Freeman, A.M. III, 1979).

Fotokatalityczny ruch dwutlenku mikro- i nano-tytanu (TiO2) został wykorzystany do znaczącego odzyskania kompetencji deprywacyjnych wielu zanieczyszczeń, zarówno w zakresie działania wody, jak i kontroli zanieczyszczeń powietrza. Badane są instrumenty pozbawiania zanieczyszczeń nanocząsteczek TiO2, a jego odrębne własności związane są z mikrowąsteczkami TiO2 w destylacji powietrza i przewodnictwie wody (Kwon S, 2008).

Informacje kinetyczne uzyskane z badań mikrotermo-grawimetrycznych i badań urządzeń bez spadku potwierdzają, że różne molekularne konstrukcje wyrobów z tworzyw sztucznych biorą pod uwagę różne instrumenty reakcji rozkładu termicznego, różne szybkości reakcji i różne zależności szybkości rozkładu od temperatury. Z tego wynika, że stopniowa piroliza kombinacji tworzyw sztucznych wydaje się być racjonalna tam, gdzie nierównomierne mechanizmy mieszaniny są pirolizą w różnych temperaturach. W celu osiągnięcia stopniowej pirolizy w skali warsztatowej zaawansowana została kaskada dobrze stymulowanych reaktorów, w których mieszanie wypełnień reaktora odbywa się poprzez socjalizację zakresów ze stali nierdzewnej. Uzyskuje się warunki do odchodzenia od tworzyw sztucznych izolowanych metodą stopniowego rozkładu termicznego kombinacji poli(chlorku winylu), polistyrenu i polietylenu. W pierwszym etapie chlorowodór z poli(chlorku winylu) jest nieskończony, w drugim etapie kształtuje się styren z polistyrenu, a w trzecim etapie uwięzione są alifatyczne mieszanki z rozkładu polietylenu. Zmiany w termicznym pozbawieniu pojedynczych polimerów i kombinacji polimerów, np. w pozornych energiach początkowych i cechach bezekspotencjalnych, bada się za pomocą kombinacji i mieszanin polietylenu i polistyrenu (Bockhorn H, 1999).

Rozwój środowiska naturalnego jest multidyscyplinarnym gruntem otaczającym między innymi biologię, inżynierię, topografię, dyscypliny ziemskie i kształtowanie krajobrazu. Jest on odpowiedni dla naukowców wszystkich szczebli, specjalistów i ogólnych studentów wchłoniętych w doskonałość środowiska (Ortolano, L., 1984).

Wzorce geologiczne w zakresie inżynierii środowiska (EEGP) to szeroko rozpowszechnione pojawienie się geologii środowiskowej inżynierskiej z fortyfikacją fitosanitarnych właściwości wód jako zasadniczych, szczególnie w częściach usuwanych, w których występuje delikatna sytuacja eko-geologiczna. W zależności od narzędzia rozwoju EEGP w kopalniach, w celu zapewnienia obustronnych korzyści pomiędzy ochroną właściwości wód leczniczych a złym traktowaniem zasobów węgla, niniejsze opracowanie oferuje technikę podziału na strefy dla EEGP (Liu S, 2019).

Sztuczne sieci neuronowe (ANN) to dobrze zorganizowane urządzenia do modelowania wieloaspektowych, nieliniowych procedur z nieokreślonymi modelami energetycznymi. Początkowo ANN były używane jako rzeczywiste prognostykowanie różnych procedur z wymaganiem statycznym na danych wejściowych i wyjściowych. Chociaż w przypadku gdy ANN musi być wykorzystana do zobrazowania szacunkowego modelu zależnej od czasu relacji wejście-wyjście, istotne jest, aby przedstawić konsekwencje czasowe jako część ANN, poddając się budowie dynamicznej ANN lub DNN. Ocena ta rozpoczyna alternatywy regularnych i różnicowych form DNN, ich dokładne sformułowanie, jak również podejście do regulacji wag sieci. Cechy DNN stymulują ich zastosowanie do oznaczania dynamiki procedur oczyszczania. Ocena ta wyszczególnia nowe wyniki na żądanie DNN dotyczące modelowania i kontroli systemów oczyszczania opartych na procedurach biologicznych lub chemicznych. Zdefiniowane jest twierdzenie DNN dotyczące niektórych publicznych sposobów postępowania ze ściekami, zanieczyszczoną glebą i atmosferą. Główne korzyści wynikające z zastosowania szacunkowego modelu opartego na DNN w miejsce schematu wielowymiarowego dokładnego wyjaśnienia każdego postępowania są badane w sytuacji atrakcyjnej skuteczności postępowania oczyszczającego. Ocena ta wysoko ocenia również zdumiewającą skuteczność DNN jako podstawowego narzędzia do modelowania i kontroli rozmieszczenia przewodów. W ostatniej części przeglądu przedstawiono wiele otwartych stref badawczych, w których można zgłaszać DNN do schematów oczyszczania w zależności od postępowania biochemicznego i chemicznego (Poznyak A, 2019).

Inżynieria środowiskowa (EE) ukazuje zmitologizowany udział w życiu współczesnych społeczeństw. Zauważ, że celem EE jest obrona istoty antropologicznej przed wrogimi posiadaczami zanieczyszczeń, a następnie różnorodność wniosków EE wynika z polityki składowania odpadów kompaktowych, wrażenia dotyczące zdrowia publicznego, polityki powtórnego przetwarzania, jak również wody, gleby i zanieczyszczenia powietrza.

(Monier i in., 2018; Samarasinghe, 2016a).

Główna odpowiedzialność EE polega na planowaniu działań odstraszających mających na celu uniknięcie ogłaszania materiałów zanieczyszczających w środowisku (Nemerow, Agardy, & Salvato, 2009; Reible, 2017). Pozytywnym wynikiem takich trudności w pracy jest dogłębna informacja o chemikaliach i cechach biologicznych ewentualnych zanieczyszczeń. Ponadto empatia w zakresie procedur produkcyjnych lub/i rentownych, które mogą prowadzić do ogłoszenia takich niepożądanych odpadów (De Nevers, 2010; Rao, 2007).

Jeśli zanieczyszczenie nie zostało zakazane, dokładne wykrycie zanieczyszczeń (nawet jeśli mają one niewielkie znaczenie dla odmiany µg/L lub ng/L) powinno być mierzone jako główne zadanie w strefach EE. Skutecznym celem niebezpiecznych materiałów może być domniemane odkładanie obecności zanieczyszczeń (Boyce i in., 2008; Kwon, Fan, Cooper, & Yang, 2008; Ottosen, Chris- tensen, Rörig-Dalgaard, Jensen, & Hansen, 2008). Dane te są wymagane w celu projekcji zdarzeń ekstensyfikacyjnych, które powinny zostać przeprowadzone w celu poprawy, na ile to możliwe, wellness pretensjonalnego miejsca.

Projekt, rozwój i ocena metod technicznych i planów naukowych w zakresie usuwania zanieczyszczeń opisują ostateczne obowiązki w ramach korekty EE (Pavel & Gavrilescu, 2008). W ostatnim okresie zaplanowano kilka metod degradacji wielkiego zbioru zanieczyszczeń, które zostały ukształtowane albo przez możliwe do uzyskania kursy praktyczne (odpady przemysłowe) albo przez wielkie węzły ludzkie (nieużytki komunalne).

(Suthersan, Horst, Schnobrich, Welty, & McDonough, 2016). W tym momencie różnorodność zanieczyszczeń nie była tak istotna, a ich konstrukcje chemiczne były dobrze rozpoznawane. Chociaż obecne testy eliminacji zanieczyszczeń z zanieczyszczonych gleb, form wodnych i cieków wodnych są coraz bardziej skomplikowane (Shannon i in., 2010), jak wynika z tych informacji, pojawienie się nowych upraw do użytku przemysłowego, handlowego, a nawet krajowego, przedstawiło nadzwyczajne testy wyborów w zakresie oczyszczania, licząc wymóg pojawiających się wzajemnych podejść, które mogą obejmować szerszą gamę kombinacji zanieczyszczeń.

Opracowanie bardziej klasycznych materiałów stosowanych w codziennym życiu zwiększyło obecność bardziej wielopłaszczyznowych mieszanin zanieczyszczeń w pozostałych strumieniach wody, brudnych glebach i atmosferze (Cheng, 2017). Obecna lista pojawiających się i ważnych zanieczyszczeń we wszystkich działaniach na rzecz ochrony środowiska na całym świecie kumuluje się. Ponadto, komunikacja pomiędzy materiałami w zanieczyszczonym miejscu może prowadzić do powstania nowych zanieczyszczeń, które nie pozostały bez związku z fundacją unikalnych zanieczyszczeń (Oulton, Kohn, & Cwiertny, 2010; Wert, Rosario-Ortiz, Drury, & Sny- der, 2007). Obecnie, ostrożna część tych zanieczyszczeń montowanych w samochodach nie jest dobrze rozumiana. Co więcej, nie ma silnej wskazówki, jak radzić sobie z ich skutkami.

Trudna trudność w eliminacji zanieczyszczeń zainteresowała pojawienie się nowych podejść do działań. Metody takie zostały zaplanowane z myślą o rozwiązaniu konkretnych faz procesu rafinacji. To wyróżnienie zainteresowało pierwszą organizację podejść do postępowania. Następnie, główne podejścia mają bezstronne podejście do eliminacji zanieczyszczeń nierozpuszczalnych, drugorzędne podejścia zostały zaplanowane w celu rozkładu biologicznie dostępnych zanieczyszczeń i trzeciorzędnych zachowań mających na celu wyeliminowanie zanieczyszczeń rozpuszczalnych, które mogą być ledwo trawione przez mikroorganizmy. Obecnie ta naiwna organizacja jest nie na miejscu, ponieważ w nowych instrukcjach projektowych dotyczących prowadzenia pociągów zmierzono potrzebę połączenia różnych działań (niezależnie od powyższej organizacji) w celu wyeliminowania obszernej lekcji o zanieczyszczeniach. W dwóch ostatnich okresach kumuluje się ilość prezentacji edukacyjnych dotyczących nadzwyczajnych kompetencji w zakresie eliminacji zanieczyszczeń, które zależą od niekonwencjonalnego połączenia poszczególnych układów postępowania (Ledakowicz, Michniewicz, Jagiella, Stufka-Olczyk, & Martynelis, 2006; Nam, Rodriguez, & Kukor, 2001; Poznyak & Araiza G, 2005).

Wśród bardzo zróżnicowanych alternatyw podejść do wspólnego działania, wniosek o biodegradację (Kumar, Sivagurunathan, Park, & Kim, 2015 r.) i procedury chemiczne zwiększyły dbałość o różne zbiory badawcze, ponieważ zdolność do adaptacji zanieczyszczeń, które mogą być oddzielone przez odpowiednią mieszaninę tych podejść. Z jednej strony, wśród przyszłych kursów biodegradacji stosowanych w eliminacji wieloaspektowych kombinacji zanieczyszczeń, ciemnej fermentacji (Gadhe, Sonawane, & Varma, 2015; Khongk- liang, Kongjan, Utarapichat, Reungsang, & Sompong, 2017), rozcieńczanie tlenowe, fotofermentacje (Ghosh, Dairkee, Chowdhury, & Bhattacharya, 2017; Laurinavichene, Tekucheva, Laurinavichius, & Tsygankov, 2018) oraz zróżnicowane fermentacje kwasowe ujawniły lepsze kompetencje. Z drugiej strony, prośba o różne podstawy chemiczne doprowadziła do zaproponowania fotolizy (Fatta-Kassinos, Vasquez, & Kümmerer, 2011; Méndez-Arriaga, Gimenez, & Esplugas, 2008), katalizy, jak również fotokatalizy (Sanches et al, 2011; Shemer & Linden, 2007), ozonowanie (Beltrán, García-Araya, Rivas, Alvarez, & Rodríguez, 20 0 0; Poznyak, Manzo, & Mayorga, 2003), Fenton (Beltrán, González, Ribas, & Alvarez, 1998; Goi & Trapido, 2004), działania o charakterze elektrochemicznym i ich prawdopodobne mieszaniny jako główne plany prowadzenia działalności chemicznej (Poznyak A, 2019).

Co istotne, prawdopodobne powództwa zbiorowe stosujące odszkodowania obu rodzajów procedur, biologicznych i chemicznych, mogą być oceniane w kategoriach pozbawienia wielorakich, niesfornych, szkodliwych, a nawet trujących mieszanek, takich jak fenole (Kessy, Wang, Zhao, Zhou, & Hu, 2018; Rueda-Márquez, Sillanpää, Pocostales, Acevedo i Manzano, 2015; Silva, Nouli, Xekoukoulotakis i Mantzavinos, 2007; Silva, Coelho i Araújo, 2018; Yang i in., 2018), barwniki (Brindha, Muthuselvam, Senthilkumar, i Rajaguru, 2018; GilPavas, Dobrosz-Gómez, i Gómez-García, 2018; Zieli ́nska, Grzechulska, Kale ́nczuk, i Morawski, 2003), bisfenole (Garcia-Becerra i Or- tiz, 2018; Lobos, Leib i Su, 1992; Pahigian i Zuo, 2018), wielopierścieniowe węglowodory aromatyczne (Agrawal, Shrivastava i Verma, 2019; Chávez i in., 2019; Rivas, 2006), związki aromatyczne (Fuchs, Boll, & Heider, 2011; Li i in., 2019; Pastore i in., 2018), i kilka innych (Poznyak A, 2019).

Korzyści płynące z zastosowania biologicznych i chemicznych zachowań do degradacji zanieczyszczeń zostały osiągnięte przy zastosowaniu doświadczalnych uwarunkowań badawczych w popularnych na wymienionych kierunkach edukacji. Ostatnio, na prośbę uczestników projektu doświadczalnego, usystematyzowano asortyment badanych cech na planie postępowania (Droste & Gehr, 2018). Podpiszcie, że ta ogólna ocena proponuje liczne nowe wsparcie dla dodania chemicznych i biologicznych działań na rzecz eliminacji wieloaspektowych i toksycznych kombinacji zanieczyszczeń. W zależności od konsekwencji kompetencji pozbawienia, powierzchownej odpowiedzi (lub podobnej) można obronić żądanie statycznych zdarzeń optymalizacyjnych, prowadzących do znalezienia klasy poprawy nieregularności biologiczno-chemicznego zachowania zbiorowego. Wszechstronna empatia biochemicznych lub chemicznych instrumentów reagowania wymaga jednak dodatkowego wysiłku sugerującego wymóg obliczenia różnicy czasowej uwagi zanieczyszczeń (liczenie produktów ubocznych ukształtowanych wzdłuż odpowiedzi), jak również sugestii i uwierzytelnienia spójnego modelu (strukturalnego lub nie). Podstawy biochemii i chemii mogą być wykorzystane do określenia dobrze uzasadnionych modeli matematycznych ocenianego postępowania (biologicznego lub chemicznego). Istnieją niezwykłe przypadki modeli matematycznych, które wyjaśniają, w jaki sposób zanieczyszczenia reagujące z enzymami mikrobiologicznymi lub odczynnikami chemicznymi, kształtowały zauważone produkty uboczne lub nawet w większym stopniu gromadziły ostatnie mieszanki kabli reakcji. Jednak tylko kilka z nich zostało całkowicie uwierzytelnionych, ponieważ duża liczba ograniczeń (zazwyczaj współczynniki odpowiedzi) chciała opisać model pod względem zmierzonych różnic badawczych zanieczyszczeń, jak również ich produktów ubocznych. Tak więc demonstracja procedury oczyszczania, zależnej od procedur biologicznych lub chemicznych, była cechą stymulującą w EE (Gao & You, 2015; Garcia-Becerra & Ortiz, 2018; Kessy et al, 2018; Lobos i in., 1992; Pahigian i Zuo, 2018; Rueda-Márquez i in., 2015; Silva i in., 2007; Silva i in., 2018; Valdramidis i in., 2005; Yang i in., 2018; Young, 1998).

Pojawienie się wieku zależnego od komputera jest możliwe do uzyskania i zastępuje demonstracyjną misję złożonych schematów. Tak zwana demonstracja nieparametryczna wydawała się zastępować szacunkowe, oparte na danych, przedstawianie dynamiki wewnętrznej dla wielu różnych rzeczywistych schematów. Te niesparametryzowane modele wykorzystywały pewne doświadczalne skojarzenia między danymi wejściowymi i wyjściowymi pewnego schematu w trakcie edukacji. Te relacje różnią się od siebie jeszcze mapami pomiędzy danymi wejściowymi i wyjściowymi w oparciu o procedury dokumentacji parametrycznej liniowej, takie jak metoda najmniejszego średniego kwadratu z jej poszczególnymi alternatywami (Newton-Euler Miyamoto, Kawato, Setoyama, & Suzuki, 1988, Levenberg-Marquardt Kermani, Schiffman, & Nagle, 2005, itp.)). Taki plan wystawienniczy zwiększył atrakcyjność dla publiczności technicznej ze względu na jego użyteczność i łatwość obsługi. W zależności od filozofii estymacji, zaplanowanej i rozwiniętej w ostatnim stuleciu, odmienne, nieparametryczne plany demonstracji pomogły w opisaniu map wejściowo-wyjściowych schematów z nieokreślonymi modelami. Schematy te miały bardzo różną naturę licząc mechaniczną, elektryczną, biologiczną, chemiczną i tak dalej (Haykin, 1994).

W modelu szacunkowym poszukiwano asortymentu użytecznej - przestrzennej (niezmierzonej - pomiarowej przestrzeni Hilberta) podstawy wyróżniającej doskonałość modelu niesparametryzowanego (Kasabov, 1996). Różne fundamenty wyznaczonej przestrzeni Hilberta interesowały sugestię różnorodnych modeli modelowania liczących reprodukcje zależne od modelu rozmytego, estymację Waveleta (Adamowski i Chan, 2011), reprezentacje zależne od legendarnych polimerów i tak dalej (Samarasinghe, 2016a). Wśród tych podejść zaplanowano również przedstawienie celów sigmoidalnych jako podstawy szacowanej przestrzeni, jako możliwego sposobu eksponowania nieokreślonych schematów. Podobieństwo formy celu esicy i hipotetycznej dynamiki wypalania komórek neuronowych zainteresowało zarysem terminologii sztucznych sieci neuronowych (ANN). Co więcej, zespół materii neuronowej interesował grupę celów esicy w różnych topologiach, prowadząc do tzw. wielowarstwowych ANN (Dowla & Rogers, 1995). Co więcej, niespójność elektrofizjologiczno-logicznych celów neuronów wykorzystała w końcu sugestię nowych ANN, które mogą rozwiązać szacunkowe modelowanie schematów wielo-wejściowych/wielowejściowych z nieokreślonymi makietami. Wszystkie te cechy promowały wniosek ANN jako główny wybór przy opracowywaniu modeli szacunkowych (Hamed, Khalafallah i Hassanien, 2004). Obecnie makiety oparte na danych zależą od ANN i są narażone na wiele różnych trudności technicznych i technicznych (Samarasinghe, 2016b). W dwóch ostatnich okresach nowe paradygmaty zastosowań ANN (Längkvist, Karlsson i Loutfi, 2014; Miotto, Wang, Wang, Jiang i Dudley, 2017; Sheela i Deepa, 2013) zainteresowały odnowioną uwagę na pojawiające się bardziej progresywne topologie (Baker, Gupta, Naik, i Raskar, 2016; Hunter, Yu, Pukish III, Kolbusz, i Wilamowski, 2012; Rojas, 2013), schematy silniejszych algorytmów wiedzy (Glorot i Bengio, 2010; Le i in., 2011), bardziej dobrze zorganizowane oprogramowanie i twarde aplikacje (Misra i Saha, 2010; Ovtcharov i in., 2015; Pershin i Di Ventra, 2010) oraz odkrycie nowych pól składania wniosków (Deng, Yu i in., 2014; Ji, Xu, Yang i Yu, 2013). Filozofia głębokiej wiedzy (Deng i in., 2014; LeCun, Bengio, & Hinton, 2015) powstała jako korekta bilansująca standardowe formuły dla podstaw ANN (Karayiannis & Venetsanopou- los, 2013). Głęboka wiedza uciskała wiele cech typowych dla ANN oraz wielowarstwowych topologii (Bengio, Goodfellow, & Courville, 2015; Schmidhuber, 2015), które mogą być w pełni powiązane lub nie (Ciresan, Meier, Masci, Gambardella, & Schmidhuber, 2011; Hertz, 2018; Larsson, Maire, i Szakhnarovich, 2016; Sama- rasinghe, 2016a), wstępne przetwarzanie warstw wejściowych z nieliniowymi procesami pomiędzy znakami wejściowymi (oraz renomowanymi procedurami konstytucyjnymi) (Xu, Ren, Liu, i Jia, 2014 r.), z reakcją międzywarstwową (procedury regularne) (Lipton, Berkowitz i Elkan, 2015 r.), konstrukcje inspirowane biologicznie z myślą o budowaniu tkanek neurologicznych jako prototypy (kolce ANN, długo- i krótkoterminowe wspomnienia itd.) (Buice & Chow, 2013; Hsieh & Tang, 2012; Kar, 2016; Yang, Zhu, Yuan i Meng, 2011) oraz ogromny paralelizm (podstawy neuronowe i stopniowane ANN dla określenia niektórych z nich) (Behler, 2015). Większość z tych alternatyw ANN sugeruje dowodzenie podejścia obliczeniowego w celu rozwiązania dużego zestawu trudności, takich jak organizacja projektu, przewidywanie sekwencji czasu (Khashei i Bijari, 2010), optymalizacja (Chandrasekaran, Muralidhar, Krishna, & Dixit, 2010), informacje zależą od demonstracji (Liao, Chu, & Hsiao, 2012; Suzuki, 2011) i mimowolnych regulatorów (Suykens, Vandewalle, & de Moor, 2012) jako najbardziej publicznych instancji.

ANN znany jest jako główny instrument w różnych procedurach biotechniczno-nologicznych. Zdolności ANN do oznaczania względnych statków pomiędzy wejściami i wyjściami są niezwykle cenione ze względu na trudności w połączeniach chemicznych i biochemicznych. Nieparametryczne ustalenia dotyczące demonstracji zależą od ANN i mogą powiązać różnicę okoliczności procesowych z konsekwencjami biotechnologicznymi. Dwadzieścia lat temu postrzeganie wymiernych relacji budowlano-działań pojawiło się jako oczywista praktyka zaplanowana przez Hanscha i Fujitę (1964). Metoda ta wiązała konstrukcje chemiczne z działaniami biologicznymi.

Taki okres doskonalenia może przedstawiać zwyczajowe procedury atrakcyjności produkcji lub wyrobów biotechnologicznych poprzez dostosowanie warunków procesu i wykrycie różnic w produkcji doskonałej.

Istnieje fundamentalne wrażenie, że wyłożone mieszaniny okoliczności operacyjnych mogą dawać różnice w metabolizmie mikrobiologicznym.

Takie wrażenie wydaje się być niejasne z powodu nieliniowej dynamiki recytacji biologicznych odpowiedzi.

ANN pokazująca konstrukcje biochemiczne może zawierać prognozę własności molekularnych z dokładnym składem chemicznym.

Te repliki zawierały opinie o wrzeniu halo-metanu jako celu stosunku węgiel/wodór/tlen (Yoshida, Miyashita, & Sasaki, 1996). Oczyszczanie ścieków, zanieczyszczonych gleb i atmosfery sprawia trudności w związku z koniecznością stosowania różnych procedur chemicznych.

Głównym celem jest to, że zazwyczaj schematy biodegradacji są powolne, aby uzyskać zadowalające oczyszczanie prezentacji.

Ponadto, bakterie stosowane w ramach schematów biodegradacji są wrażliwe na duże ilości zanieczyszczeń, zwłaszcza jeśli mają wieloaspektowe konstrukcje chemiczne lub są toksyczne (Oller, Malato, & SánchezPérez, 2011; Pera-Titus, Garcia-Molina, Baños, Giménez, & Esplugas, 2004).

Substytutem jest zastosowanie tzw. progresywnych procedur utleniania, które wykorzystują moc utleniania różnych materiałów chemicznych do degradacji kombinacji zanieczyszczeń. Wśród procedur chemicznych stosowanych do celów oczyszczania, najbardziej zaawansowane metody obejmują: fotoliza (Serpone, Artemev, Ryabchuk, Emeline, & Horikoshi, 2017), kataliza (Oh, Dong, & Lim, 2016), ozonowanie (Pérez, Rodríguez-Santillan, Galicia, Chairez, & Poznyak,

2018), ozonowanie katalityczne (Aguilar, Rodríguez, Chairez, Tiznado i Poznyak, 2017; Rodríguez i in., 2018) i elekrochemii (Brillas & Martínez-Huitle, 2015; Poznyak A, 2019).

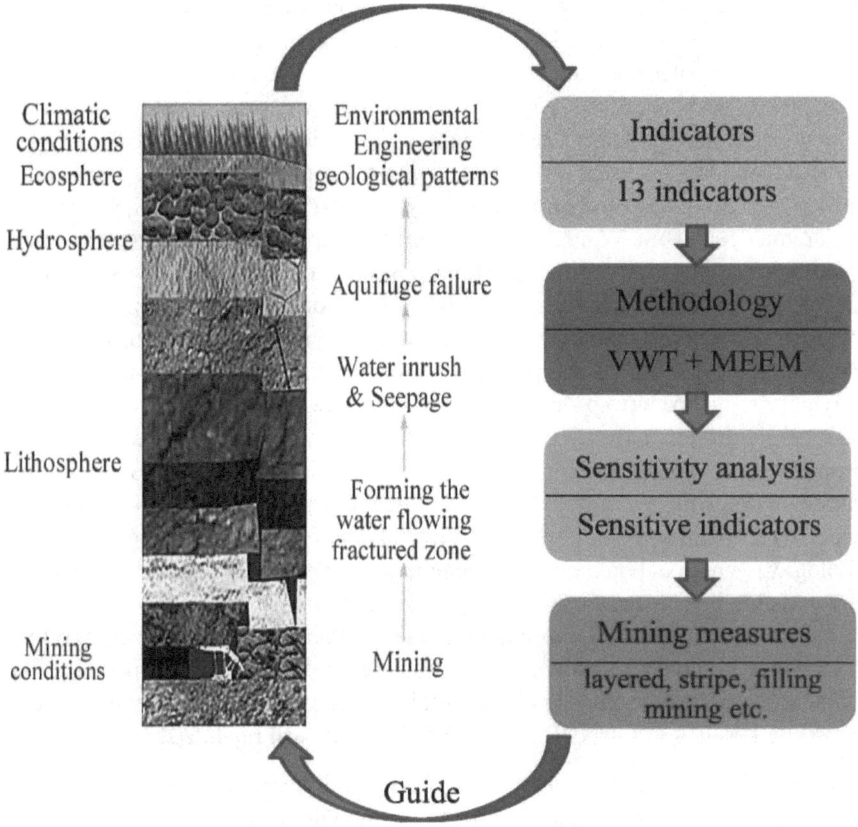

Rysunek 1. Schematy geologiczne inżynierii środowiska (Liu S, 2019)

Rozdział 2 : Inżynieria i ocena środowiskowa

Nadmiar żwiru odlewniczego jest głównym produktem ubocznym odlewni. Ze względu na obecność metali w żwirze odlewniczym Excess oraz niepożądaną świadomość społeczną, ten istotny materiał jest zazwyczaj odrzucany na wysypisko jako nadmiar. Nadmiar żwiru odlewniczego może być jednak prawdopodobnie poddany recyklingowi jako istotny element konstrukcji budowlanej. Aby nadmiar żwiru odlewniczego mógł być wykorzystywany w sposób możliwy do utrzymania, należy prawidłowo ocenić i porównać z lokalnymi dostawami. W niniejszym badaniu założono, że badania geotechniczne i ekologiczne mają na celu ocenę stanu posiadania i możliwości wykorzystania nadwyżek żwiru odlewniczego w praktyce w budownictwie inżynieryjnym. Ponadto założono badania kontrolne na zużytym szkle, dobrze przyjętym nadmiarze fizycznym, który został pozytywnie zastosowany w budownictwie inżynieryjnym, do celów porównawczych. Konsekwencje badań geotechnicznych oraz cel, jakim jest najwyższa sucha zwartość i najlepsza odporność na wilgoć, proporcje na sposób kalifornijski i przenikalność, wskazują, że dodatkowe kamienie odlewnicze mogą być akceptowalne do zastosowania jako wypełnienie znacznych rozmiarów w kopcach i przy budowie rurociągów. Wyniki badań ekologicznych, takich jak analiza biochemiczna i analiza odcieków, są sprzeczne z wynikami badań, przy czym w zgłoszeniach, takich jak wypełnianie zapór drogowych i układanie rurociągów, nie wskazano żadnych szczególnych zagrożeń w przypadku stosowania tego materiału jako materiału wypełniającego. Dodatkowo policzono inwestycje w oznakowanie węglowe poprzez ewentualny recykling EXCESS FOUNDRY SAND /RG (Arul Arul rajah, 2016).

Formowanie i zdobienie surowców żelaznych i nieżelaznych zakłada się w odlewniach (Salokhe & Desai, 2011). Wymaga to dokładnych wymiarów wysokiej jakości piasku krzemionkowego w celu wytworzenia odlewów stosowanych do metali ciężkich i stopionych w procesie formowania. Zbiorowe połączenie spoiw i piasku krzemionkowego zapewnia dokładną formę do odlewów (Lin, Cheng, Cheng, & Chao, 2012). Charakterystyczne spoiwa stosowane w tym celu to spoiwa zwykłe (takie jak glina bentonitowa) oraz biochemiczne, które są stosowane w procesach wysokotemperaturowych (Siddique & Singh, 2011). Gdy pożądana forma zostanie dokładnie wykonana w formie, roztopiony metalik jest dozowany do formy. Ponowna praca superior piasku krzemionkowego do formowania i szczegóły w konsekwencji w odlewnictwie w produkcji nadmiaru piasku odlewniczego (Lin et al., 2012). W statystyce, piasek stosowany do wytworzenia zasadniczej formy w formie jest powtarzalnie stosowany w procedurze formowania, aż do momentu jego metodycznego zanieczyszczenia, przy czym nadmiar piasku odlewniczego jest wyrzucany, często na wysypiska (FHWA, 2004; Saloke & Desai, 2011). Nadmiar piasków jest szeroko stosowany w zastosowaniach geotechnicznych i dzieli się na wiele głównych grup: piaski odlewnicze, rzadkie żużle, popioły ciężkie i części metaliczne. Wśród nich nadmiar piasku odlewniczego jest zwykle stosowany ze względu na jego wydobywalność, bogactwo mineralne i ogólne podobieństwo do piasków zwykłych i recyklowanych (Saloke & Desai, 2011). Naturalnie, nadmiar piasku odlewniczego można zaliczyć do piasku zielonego i chemicznie sklejonego, w zależności od rodzaju spoiwa stosowanego w procesie formowania (Siddique & Singh, 2011). Zależnie od koloru, nadmiar piasku odlewniczego można zilustrować na podłożu spoiw. Piasek zielony standardowo czarny lub szary, gdzie chemicznie związany z piaskiem barwi się średnio na biało lub na biało (Siddique & Singh, 2011). Ponieważ pozbycie się tego produktu ubocznego jest często drogie, w ostatnim czasie stosuje się go w takich zastosowaniach, jak: mieszanki gorących wypełniaczy asfaltowych, produkcja cementu (FHWA, 2004), kopce (Partridge, Fox, Alleman, & Mast, 1999; Mast & Fox, 1998) oraz bazy pod autostrady (Guney, Aydilek, & Demirkan, 2006; Goodhue, Edil, & Benson, 2001). Narody takie jak USA, Indie, Chiny, Australia i Tajwan wytwarzają wiele ton nadmiaru piasku odlewniczego, co stanowi ogromny test ekologiczny (Lin i in., 2012). Nadmierne wykorzystanie nadmiaru piasku odlewniczego przygotowuje niedrogie i ekologicznie przystępne rozwiązanie, w przeciwieństwie do wysokich cen składowania odpadów na wysypiskach oraz do wydobywania pierwotnych zasobów (Siddique & Singh, 2011). Partridge i in. (1999) oraz Guney i in. (2006) stwierdzili, że nadmiar znacznego piasku odlewniczego jest nieszkodliwy do zastosowania w niektórych zastosowaniach inżynieryjnych. Nadmiar piasku odlewniczego jest hydrofilowy na terenach wiejskich i pochłania duże ilości wody. Ponadto, ze względu na obecność fenoli, substancja ta może ulegać erozji (Siddique & Singh, 2011). Stosowność wykorzystania nadmiaru piasku odlewniczego w odniesieniu do problemów ekologicznych można ocenić poprzez badanie odcieków. Na przykład na składowiskach odpadów opady deszczu i filtracja wody przez wyrzucaną substancję powodują powstawanie odcieków (Siddique, Kaur, Rajor, 2010). W popularnych badaniach historycznych nadmiar piasku odlewniczego był albo stabilizowany poprzez nanoszenie substancji cementowej (cement, wapno, itp.), albo nakładany jako dodatek do części piaskowej mieszanki, np. kombinacji betonu lub gorącego asfaltu. W tabeli 18 przedstawiono natychmiastowe skutki kilku prac badawczych, jak również archetypiczne posiadłości wykazane w FHWA (2004). W tabeli tej przedstawiono normy dotyczące najlepszej zawartości wilgoci, najwyższego stężenia na sucho oraz kalifornijskiego współczynnika nośności, zgodne z przykładami zagęszczania przy zastosowaniu normalnego określania zagęszczenia. W dwóch z wyznaczonych zadań badawczych nadmiar piasku odlewniczego został zastosowany wyłącznie bez powiązania z innymi zasobami. W pozostałych przypadkach był on jednak mieszany z betonem (Abichou, Benson, & Edil, 2000), mieszany z cementem (Naik, Singh, & Ramme, 2001) lub nakładany razem z geosyntetykami (Guney i in., 2006). Zazwyczaj w ocenie niefiskalnej, w której nadmiar piasku odlewniczego był nakładany jako oddzielna substancja, w miejscu łączenia go z innymi surowcami w mieszaninie, krzyżowano tylko niewystarczające prace badawcze. W nowym roku ponownie wykorzystane zasoby zostały ocenione i uznane za zadowalające w wielu zastosowaniach podkonstrukcji budowlanych (Arulrajah, Disfani, Horpibulsuk, Suksiripattanapong, & Prongmanee, 2014). Szkło używane ponownie (DWB) w szczególności, zostało ukończone ważne w drogach w nowych wiekach i zostało uznane za odpowiednie do zastosowań, na przykład wypełnienia wałów (Wartman, Grubb, & Nasim, 2004), podbudowy chodnikowe (Arulrajah, Ali, Disfani, & Horpibulsuk, 2014), cementowa podstawa jezdni (Arulrajah, Disfani, Haghighi, Mohammadinia, & Horpibulsuk, 2015), podstawy chodników (Arulrajah Ali, Disfani, Piratheepan, & Bo, 2013), oprócz lekkich wypełnień (Arulrajah, Disfani, Maghoolpilehrood i in., 2015). Uznano również, że ekologiczny majątek, jakim jest szkło powtórnie wykorzystane, został poddany obowiązkowym dostawom kontrolnym (Imteaz, Ali, & Arulrajah, 2012). Ponownie wykorzystane szkło jest również przedmiotem obrotu handlowego w Australii i jest reklamowane jako używany towar piaskowy. Szkło używane ponownie jest tak staranne, że stanowi doskonały materiał do analizy porównawczej prezentacji nadmiaru piasku odlewniczego jako wypełnienia inżynierskiego i ilościowego wiązania rur. Prowadzenie sekwencji szkoleń na temat nadmiaru piasku odlewniczego, podobnie jak w przypadku ponownego wykorzystania szkła, dostarcza inżynierom i twórcom zadowalających informacji na temat posiadania tego znaczącego materiału i obejmuje metodę szerokiego recyklingu tych odpadów, istotną dla rozwoju inżynierii lądowej i wodnej. W związku z tym, powiązanie posiadanego piasku odlewniczego EXCESS FOUNDRY SAND z zaakceptowaną substancją używaną (ponowne wykorzystanie szkła) powoduje większą wdzięczność za jego odpowiedniość w podobnych wnioskach. Mimo że popularność ocenianego w pracach nadmiaru piasku odlewniczego napotyka na potrzeby ekologiczne, stosowanie procedury badania odcieku jest nieobowiązkowe dla każdego nowego podłoża nadmiaru piasku odlewniczego, który ma być zastosowany (FHWA, 2004). Ponadto w nowych pracach badawczych kładzie się nacisk jedynie na posiadanie mieszanek, w których jako składnik stosuje się piasek odlewniczy

EXCESS FOUNDRY SAND, a nie na posiadanie nadmiaru piasku odlewniczego. Użycie nadmiaru piasku odlewniczego bez mieszania go z innymi zasobami, w przypadku napotkania dostaw, może zaoszczędzić cen i zmagań pożądanych w projekcie łączenia i mieszania piasku odlewniczego. W tym samym okresie spotyka się z celem recyklingu nadmiaru piasku odlewniczego, a nie wyrzucania go na wysypiska. W niniejszym dochodzeniu oceniono ekologiczne i inżynieryjne właściwości nadmiaru piasku odlewniczego, uzyskanego ze zdolności do ponownego wykorzystania w Melbourne w Australii, oraz stwierdzono stosowność tej substancji jako substancji do wypełniania i łączenia rur. W ramach nowego dochodzenia w sprawie nadmiaru piasku odlewniczego, na przykład różnice w posiadaniu różnych rodzajów piasku pochodzącego z recyklingu, które są powszechnie uznawane za surowce wtórne, a mianowicie szkło używane jako wypełniacz inżynieryjny i substancja do łączenia rur, były głównym przedmiotem niniejszego dochodzenia. Posiadanie nadmiaru piasku odlewniczego jako punktu odniesienia w odniesieniu do ponownego wykorzystania szkła będzie stanowić odpowiedź na ważne, długotrwałe pytania dotyczące technicznej i ekologicznej prezentacji nadmiaru piasku odlewniczego w porównaniu z innymi uznanymi zasobami wykorzystywanymi w zastosowaniach, na przykład jako wypełnienie inżynieryjne i podsypka do rur, a optymistyczne konsekwencje będą miały przede wszystkim wpływ na szerszy zakres odbioru nadmiaru piasku odlewniczego jako substancji budowlanej. Wymieniono również inwestycje w znak poprzez ewentualny recykling szkła EXCESS FOUNDRY SAND / Reused glass.

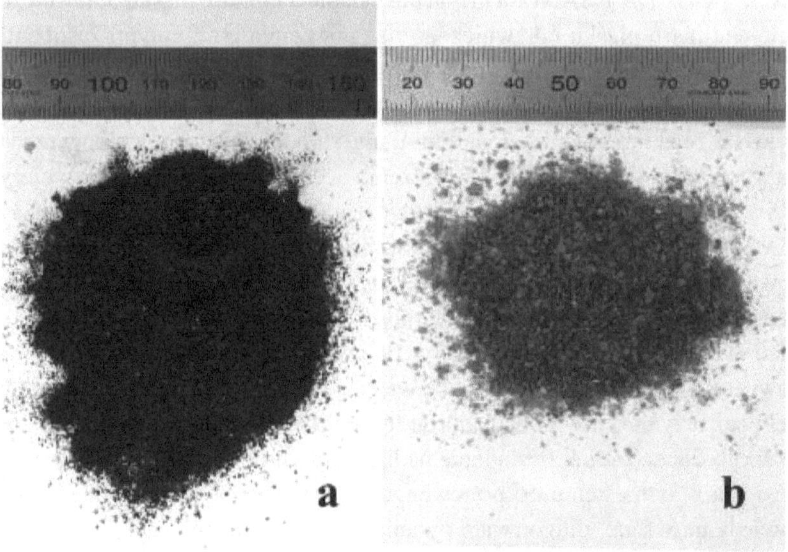

Rys. 15. Zamknij zdjęcia (a) nadmiaru piasku odlewniczego i (b) powtórnie wykorzystanego szkła.

Nadmiar piasku odlewniczego i powtórnie wykorzystanego szkła stosowany w niniejszym dochodzeniu został przygotowany z budynku przeznaczonego do ponownego przetworzenia i zniszczenia w Melbourne w Australii. Nadmiar piasku odlewniczego miał czarny kolor, ze względu na obecność zanieczyszczeń, podczas pracy całości. Ponownie wykorzystane szkło było różnokolorowym szkłem, które jest zbyt akceptowalną substancją, aby mogło być barwione z powrotem w butelki i w związku z tym trafia do strumienia odpadów (Arulrajah, Ali i in., 2014). Na Rys. 15 pokazano zdjęcie Piasku Ekspresowego, natomiast na Rys. 1(b) pokazano zdjęcie Szkła Ponownie Użytego. Rozkład wielkości elementów w EXCESS FOUNDRY SAND został uzyskany zgodnie z normą ASTM D6913-04 (2009). Dodając do sugerowanych w normie sita 2,36 mm, 1,7 mm i 1,18 mm, uzyskano dokładniejszy PSD. Zastosowano również przykłady 250 g, dzięki czemu napotkano ograniczenia zatłoczenia dla każdego z sit nadające się do stosowania zgodnie z ASTM D6913-04 (2009). Ciężar właściwy (G s) materiału uzyskano zgodnie z normą ASTM D854-14 (2014). W tym celu zastosowano 100 g suchej substancji i technikę B (proces dla przykładów suszenia w piecu), stosując pikno-metr 500 mL. Suszenie zakończono, stosując pompę próżniową i stół do wstrząsania do mieszania zawiesiny, choć przez dwie godziny znajdowała się ona poniżej próżni. Normalny proces zagęszczania, nadający normie ASTM D698-15 (2015), został przeprowadzony w celu kontroli skojarzenia zawartości wilgoci z suchą grubością zasobów. Zastosowano formę o średnicy 101,6 mm i wysokości 116,43 mm oraz zorganizowano przykłady o 5 różnych wilgotnościach, sięgających od 7 do 14%. Każdy przykład prasowano w 3 warstwach, przy normalnym wysiłku zagęszczania wynoszącym 25 uderzeń. Kalifornijskie badania zależności zachowania (CBR) zostały przeprowadzone zgodnie z normą ASTM D1883-14 [ASTM, 2014b](2014). Zastosowano gnicie o średnicy 152 mm i wysokości 177,1 mm, a następnie zwilżono EXCESS FOUNDRY SAND i RG do stałej optymalnej wilgotności (OMC) i sprężono je w 3 warstwach, stosując normalne wyznaczanie stopnia zagęszczenia. W celu zbadania możliwości wystąpienia stanu zapalnego substancji (obecność gliny) zastosowano urządzenie sterujące, a przykłady kalifornijskich zależności zachowania zalewano wodą przez 96 h. Następnie osiągnięto kalifornijskie normy zależności zachowania przy infiltracji 2,54 mm i infiltracji 5,08 mm, stosując krzywe przenikania naprężeń, przy czym wyższą cenę zależności zachowania stwierdzono w Kalifornii. W tym zakresie, zmiany dla wklęsłości krzywych naprężenie-penetracja wykonane zgodnie z ASTM D1883-14 [ASTM, 2014b](2014) proces. Przewodność hydrauliczna zasobów została uzyskana przez zastosowanie próby penetracji ciągłej głowicy nadającej (ASTM-D2434, 2006) odpowiednią dla zasobów ziarnistych. Przykładem może być wykonanie próby ściskania w formie o średnicy 152 mm w 3 warstwach, z zastosowaniem zwykłych oznaczeń zagęszczenia. Zmiana wysokości głowicy wyniosła 1,14 m słupa wody. Penetrowalność materiału poddanego recyklingowi/ponownie przetworzonego jest cenną wielkością dla oceny jego zdolności do rozładunku. Przeprowadzono badanie fluorescencyjne metodą rentgenowską w celu kontroli składu chemicznego Piasku Ekspresowego i Granulatu. Grupa zagrożenia, jaką stanowi piasek ekologiczny EXCESS FOUNDRY SAND, została zdefiniowana w zależności od Urzędu Ochrony Środowiska (EPA, 1999, 2010) Victoria i australijski normalny proces wycieku (ASLP) (AS, 1997), który jest procesem wycieku z butelek. Dopuszczalna najwyższa wielkość elementu dla tego procesu wynosi 2,4 mm, co jest lepsze niż Dmax zasobów stosowanych w niniejszym dochodzeniu, od tej pory nie było obowiązku rozdzielania. Ekologiczne właściwości Piasku Ekspresowego zostały zweryfikowane dla różnych rodzajów metali ciężkich za pomocą późniejszej australijskiej procedury wartości (AS, 1997) dla badań odcieku, przy zastosowaniu bezstronnej wody (pH = 7) jako cieczy wyciekowej. Odciek kształtowano łącząc piasek uszczelniający EXCESS FOUNDRY SAND i RG z cieczą wyciekową. Dopełniono to poprzez zastosowanie substancji w butelce urządzenia i dodanie płynu wyciekowego w stanie ciekłym. Następnie butelkę owinięto i zamontowano w kamperze w celu ogłuszania przez 18 h. Kombinacja ta nadawała się do picia przez zastosowanie filtra z włókna szklanego, a przefiltrowany płyn zastosowano do badania odcieku. Jeśli uwaga na odciek ASLP jest mniejsza niż określone ilościowo wartości graniczne lub jeśli można ustalić, że jest on normalnego pochodzenia, można uznać, że jest on odpowiedni dla zasobów uszczelniających.

Rozdział 3: Inżynieria środowiskowa i zrównoważony rozwój

Sekwencja Światowych Sesji Inżynierii Ekologicznej i Administracji została rozpoczęta i przygotowana co 2 lata, od 2002 roku, przez Sekcję Inżynierii Ekologicznej i Organizacji Praktycznego College'u "Gheorghe Asachi" w Iasi, wskazując na przyjęcie złożonych globalnych badaczy, badaczy, specjalistów i uczonych, uruchamiających się na arenach inżynierii i organizacji środowiska. Dwie z poprzednich wersji zostały wstępnie uzgodnione na Węgrzech (ICEEM06) i w Austrii (ICEEM07), przy czym sesja ICEEM była prowadzona w całości w języku angielskim. Współorganizatorem 8. wersji ICEEM była jednostka Biotechnologii Ekologicznej Europejskiej Koalicji Biotechnologicznej. ICEEM08 składał się z 8 pełnych dyskusji prowadzonych przez słynne postacie techniczne, 12 podobnych spotkań werbalnych i 10 spotkań obrazkowych, które zgromadziły się na tematach sesji umożliwiających komunikację 209 światowych badaczy, badaczy, specjalistów i młodych badaczy z 22 krajów. Ten wyjątkowy temat obejmuje 14 praktyk z pisarzami z pięciu krajów (Francja, Portugalia, Rumunia, Republika Mołdowy, Hiszpania), które przenoszą interdyscyplinarne metody badawcze do kolejnych głównych melodii sesji: intensywna terapia ekologiczna, postępowanie z wodą i ściekami, zanieczyszczenie powietrza, zanieczyszczenie gleby, a także rozwój kompetencji proceduralnych poprzez mieszanie i kwestionowanie nowych zasobów i modelowanie procedur (Carmen Teodosiu, 2017).

Rzeczywisty stan rozwoju w skali globalnej zapewnia szybkie zmiany antropogeniczne, które skomponowane ze zwykłymi przyczyniają się do osłabienia doskonałości komponentów ekologicznych, zmniejszenia zwykłego majątku, zagrażając w niektórych walizkach ekologiczną symetrią i humanoidalną doskonałością życia. Trudności środowiskowe, na przykład zanieczyszczenie wody, powietrza i gleby, uwolnienia gazów cieplarnianych, redukcja podaży i grupy odpadów, niepotrzebne wykorzystanie ziemi są stopniowo zastraszające głośność ziemi i systemów podtrzymywania życia (Rockstrom i in., 2009; WWF, 2014). Problemy te składają się z trudności społecznych (wysoka bezrobocie, utrata pracy, niezdolność do pracy, podatność społeczności, brak i wzrost głodu, narastające dysproporcje i brak dostępu do nauczania, systemów opieki społecznej, itp.) oraz trudnościami finansowymi (zagrożenie źródłowe, trudne konstrukcje własnościowe, rynki światowe, powtarzające się niespójności monetarne i finansowe w przypadku różnych transakcji oraz cała ostrożność finansowa) tworzą złożone zarysy, okoliczności i testy dla rzeczywistego rozwoju (Banerjee i Duflo, 2011; Sachs, 2015; Jackson, 2009). Testy te mogą być zaawansowane jedynie w sposób zaokrąglony, poprzez wprowadzenie licznych korekt należących do zwykłych dyscyplin, wspólnej wiedzy, inżynierii i organizacji, jak również pomysłów (zrównoważony rozwój, produkcja i spożycie nadające się do konserwacji, okrągły budżet), które mają na celu rozwiązanie trudności związanych z monitorowaniem, odstraszaniem, zmniejszaniem, zmianą lub rozszerzaniem zanieczyszczeń, które powstają w wyniku niepodobnych działań humanoidalnych lub zwykłych (Sauvé i in., 2016). W odpowiedzi na liczne obawy ekologiczne (Brundtland, 1987), Dowództwo Brundtland przygotowało opis zrównoważonego rozwoju jako "ekspansji, która napotyka na wymagania prądu bez współpracy z przyszłymi grupami w celu spełnienia ich własnych wymagań". Od tego czasu w okresie ekspansji utrzymującej się na stałym poziomie z jednej strony zróżnicowano perspektywy pożądanego rozwoju i stabilnie dodano prezentację finansową, ekologiczną i komunalną, a z drugiej strony przeprowadzono testy konfrontacyjne związane z opisem konkretnych wskazówek, mających na celu pokazanie i ilościowe przedstawienie rozwoju zrównoważonego (Geissdoerfer i in., 2017; Juwana i in., 2012; Cailean i Teodosiu, 2016). Dodatkowym testem jest szczegół, że istnieją również "wielkie" trudności w zakresie zrównoważonego rozwoju (takie jak: modyfikacja pogody, dostarczanie energii i usuwanie odpadów), które są uparte i niezwykle odporne na determinację ze względu na ich trudność i udział wielu inwestorów o odmiennych poglądach i korzyściach. W przypadku takich trudności, zazwyczaj najlepsza metoda odzwierciedla wrażenie schematu, w którym wszystkie trzy cechy utrzymującej się ekspansji (finansowe, ekologiczne i społeczne) są rozłożone jednocześnie, na fundamencie serii życia (Azapagic i in., 2016). W celu omówienia problemów zrównoważonego rozwoju i ekspansji w ogóle, pojęcie Budżetu Sferycznego zyskało w poprzednim okresie na znaczeniu dla twórców strategii, ekspertów, przemysłu i społeczeństwa (Reh, 2013; Ashby, 2015; Brennan i in., 2015; Martins, 2016). Metoda ta jest określona w pełnym pakiecie europejskiego budżetu rundy (dyrektywa europejska, 2015 r.) oraz w rozporządzeniu w sprawie prefermentowania budżetu rundy chińskiej (Lieder i Rashid, 2016 r.). Chociaż w liniowej taniej, procedura produkcji jest uważana za jednokierunkowy prąd fizyczny, z rzadkimi zasobami, które są zmieniane ostatnią kreację i wreszcie nadmiar do ponownego wykorzystania, w pojęciu okrągłej taniej, zwrotu i waloryzacji nadmiaru wpuścić zasoby recyklingu z powrotem do kabla źródłowego, w celu ostatecznego oddzielenia rozwoju finansowego od ekologicznych ofiar śmiertelnych (Ghisellini i in., 2016; Geissdoerfer i in., 2017). Praktykanci wyznaczeni dla tych szczególnych zdolności (w wyniku procedury wzajemnej oceny) odpowiadają na niektóre z testów, które są podwyższone przez rzeczywistą ekologiczną intensywną terapię, regulację i prowadzenie trudności z zanieczyszczeniem, jak również na trudności podwyższone przez połączenie i wyzwania związane z nowymi zasobami i recyklingiem odpadów.

Rzeczywiste testy związane z tym segmentem odnoszą się do trudności wynikających z antropogenicznych (produkcja, agronomia, związane z nią obiekty) skażeń i nieodpowiedniego prowadzenia produkcji i odpadów, a także do rozwoju logicznych systemów i zdarzeń, które pozwalają na zauważenie bardzo małej absorpcji zanieczyszczeń (ppm, ppb), nieustannej intensywnej opieki nad etapami zanieczyszczeń poprzez zasoby nowych urządzeń i schematów on-line oraz polityki w zakresie intensywnej terapii wodnej (Deblonde i in., 2011; Geissen i in., 2015; Behmel i in., 2016).

Dokumentacja i kwantyfikacja rozwijających się zanieczyszczeń w ciekach wodnych i ściekowych; rozwijające się zanieczyszczenia (lub zanieczyszczenia budzące obawy CEC) są nowymi uprawami lub substancjami, pozbawionymi pozycji kontrolnej i których przydatność w sytuacji i kondycji humanoidalnej nie jest całkowicie rozpoznana. Materiały, na przykład: leki i indywidualne uprawy pielęgnacyjne, różne leki, benzotiazole, benzotriazole, polichlorowane naftaleny (PCN), perfluorochemikalia (PFC), czwartorzędowe kompleksy amoniowe (QAC), bisfenol A (BPA), triklosan (TCS), triklokarban (TCC), środki owadobójcze itp. (Lapworth i in., 2012; Tiedeken i in., 2017). Takie kombinacje są również bardzo problematyczne do wyeliminowania przez dochody z konserwatywnych ścieków komunalnych lub produkcyjnych zachowanie ścieków, szczególnie gdy jest wyobrażony powtórne przetwarzanie (Pintilie i in., 2016);

Rozwój nowych i dobrze zorganizowanych procedur mających na celu eliminację ważnych zanieczyszczeń (mineralnych, węglowych lub radionuklidów) z odpadów wodnych lub ściekowych. W należących do tego potencjału stażach, procedury te kompleksowo realizują konserwatywne systemy prowadzenia przez zasoby wzajemnej adsorpcji i fotokatalizy, biosorpcji na różnych rodzajach nadmiaru zasobów;

Ocena efektów ekologicznych dla jednolitych i rozproszonych systemów kanalizacyjnych:

W swoim obiekcie, Dimension of contamination stages of Nnitro so compounds of well-being lxiety in water applying extreme presentation fluid chromatography-tandem form spectrometry, Kadmi et al. (2017), mierzyli edukację rozwijających się zanieczyszczeń w wodzie, takich jak N-nitroaminy, które przyciągają uwagę ze względu na ich mutagenne i onkogenne rzeczy w ultra-trace etapach (ng L-1). Kadmi i in. (2017) opracowali nową procedurę kwantyfikacji N-nitrozoamin na przykładach wodnych. Pisarze ustalili, że uprzemysłowiona technika SPE-UHPLC/MS/MS jest niezwykle złożona i dyskryminująca przy tak niskim poziomie uwagi. Egzaminy zostały przeprowadzone w ciągu około 3 minut. Technika ta była praktyczna do badania na rzeczywistych przykładach wody i okazała się odpowiednia do ich badania na przykładach wody powierzchniowej i wodociągowej. Pisarze stwierdzili, że prośba o zastosowanie podanej techniki do badania przykładów we francuskim obszarze Bretanii wykazała, że wyznaczone N-nitrozoaminy były silne tylko w kilku skomponowanych przykładach, na etapach wchłaniania znacznie mniejszych niż te nieruchome przez różne organizacje globalne. W ramach obrony zasad wody pitnej, amon i azotyn są mierzone jako podstawowe składniki, które powinny być sprawdzone dla fundamentów wód gruntowych. W swojej edukacji, jednoczesne odkrycie woltamperometryczne amonu i azotynów z wód podziemnych na zdobionej srebrem elektrodą węglową nanorurce, Baciu i in. (2017) określiło niektóre podejścia dla celów oddzielenia azotynów i amonu, ale potwierdzają one brak informacji o równoczesnym elektrochemicznym odkryciu tych zanieczyszczeń w matrycach wodnych. Pisarze ci posiadają zaawansowane metody elektroanalityczne polegające na zastosowaniu progresywnych metod woltamperometrycznych do równoczesnego i kompleksowego wykrywania anionów amonowych i azotynowych w odpowiedzi wodnej przy użyciu precyzyjnej elektrolitycznie zdobionej elektrolitycznie elektrolitycznej elektrody węglowej z nanorurkami-epoksydami. Zaletą tej nowej elektrody jest to, że eksponuje cenne topografie do określonych badań bez konieczności wzmacniania elektrolitu zapasowego, tworzenia tej elektrody odpowiedniej do odkrywania w polu i wykrywania zastosowań. W zależności od konsekwencji dotyczących prezentacji odkrycia, autorzy objaśnili również procedurę wykazującą nadmierne możliwości w stosunku do zastosowanych wymagań. Orha i in. (2017) zastanawiali się nad głównymi mechanizmami zmiękczonej naturalnej substancji biologicznej, którą są kwasy humusowe, a która oznacza 90% zmiękczonego węgla we wszystkich zwykłych cieczach. Konserwatywne działanie wody pitnej są zazwyczaj w stanie wyeliminować z wody tylko od 20 do 50% materiałów humusowych i zazwyczaj chcą być uzupełnione przez procedury adsorpcji z zastosowaniem głównie sorbentów jako gliny, zeolitów lub węgla wyzwolonego. Ziarnisty węgiel aktywowany jest zwykle stosowany do eliminacji mieszanin, które nie są stale obecne w wodzie przy wysokiej koncentracji uwagi, a także nadaje się do eliminacji zmiękczonych kwasów humusowych. Aby odzyskać swoją postać, Orha i in. (2017) stosuje w praktyce technikę hydrotermiczną wspomaganą mikrofalami dla mieszaniny nowego, pokrytego ziarnistym węglem aktywowanym TiO2 (GAC-TiO2), związku o znacznej zawartości sorpcji progresywnej, o lepszych właściwościach adsorpcyjnych i fotokatalitycznych. Fotokatalityczne działanie tego nowego związku zostało zmierzone dla pozbawienia i mineralizacji kwasu humusowego (HA) z wody. GAC-TiO2 wykazał samooczyszczający się ruch pod wpływem promieniowania UV do eliminacji kwasu humusowego z wody, co markuje go niezwykłe w powstającej nowej grupie schemat przesiewania w wodzie pitnej wiedzy przewodnictwa. Konserwatywne podejście stosowane do odpustowych ścieków zanieczyszczonych metalami ciężkimi, może być klasyczne i wieloaspektowe. Adsorpcja na biomasie pojawiła się jako utalentowana biotechnologia oczyszczająca. W ich szerokim spektrum znajdują się zielone makroalgi z rumuńskiego wybrzeża Morza Czarnego: Physico-chemical description and upcoming viewpoint on their usage as metallic anions bio sorbents, Filote et al. (2017), deliberate green algae, Ulva rigid and Cladophora series, in rare and adapted procedures, as bio sorbents for As (III), As (V), Sb (III), Se (IV) and Se (VI) from aqueous explanations. Wysoka uzyskiwalność i krótkie serie żywotności sprawiają, że biomasa glonów jest mierzalnym uzyskiwanym źródłem zaopatrzenia. Jeśli chodzi o niewielką cenę i dobrowolną dostępność tych martwych wodorostów, otrzymane ilości biogenów były dość znaczne. Edukacja obejmuje opis glonów i ocenę ich biosorpcji możliwej zarówno w normalnych jak i zmodyfikowanych chemicznie zdarzeniach. W ich badaniach możliwa jest bio-sorpcja martwej i żywej lepkiej biomasy Arthrobacter w eliminacji Cr(VI): Hlihor et al. (2017) rozważali eliminację chromu z zanieczyszczonych odpadów za pomocą podejścia cielesnego, biochemicznego i elektrochemicznego, które zwykle obejmuje wysokie nakłady energetyczne i ceny, jednak ustalono, że bio sorbenty mogą być stosowane pozytywnie do eliminacji metali ciężkich i oczyszczania ścieków, stosując liczne rodzaje biomasy (bakterie, algi, odpady agronomiczne lub produkcyjne). Hlihor i in. (2017) wybrali Arthrobacter viscous, nie patogeniczną bakterię tlenową Gram-dodatnią, jako bio sorbent ze względu na jego wysoką zdolność do bioremediacji. Autorzy ci ustalili, że lepka biomasa A. może być stosowana do zmiany Cr (VI) na Cr (III) w partiach i w sposób ciągły, z uwzględnieniem odpowiednich konsekwencji. Możliwości uzyskania, niewielka cena i niewielki efekt ekologiczny sprawiają, że biomasa ta jest pięknym wyborem w dostarczaniu ścieków zanieczyszczonych chromem. Eliminacja kolorów ze ścieków stała się istotnym problemem ekologicznym, szczególnie w przypadku ścieków z produkcji tkanin i skór. Zostało ujawnione, że adsorpcja z wyzwolonym węglem, jest dobrze zorganizowany wybór do odpustu ścieków barwionych. W swoich badaniach, Tanie sorbenty do eliminacji barwników kwaśnych z odpowiedzi wodnych, Cretescu i in. (2017) zastosowali adsorbenty pochodzące z kapitałów odnawialnych i skontrastowali objętość adsorpcji dwóch rodzajów sorbentów: węgla aktywowanego ze zużytego drewna jabłkowego i gontu krakersowego oraz hydrolizatu keratynowego pochodzącego z kaszmiru, dla niektórych barwników kwaśnych o budowie azowej, obecnie stosowanych do dozowania biochemicznego moheru i runa. Pisarze ci osiągają taki rezultat, że deklarowane sorbenty mogą być uzyskiwane z tanich odpadów węglopochodnych i są realne do eliminacji kwaśnych barwników o niskiej masie cząsteczkowej, nawet jeśli nie mogą one zastąpić prezentacji konserwatywnego żywego węgla. Zastosowanie tych sorbentów może przyczynić się do waloryzacji tanich dóbr odnawialnych. W ramach eliminacji nuklidów promieniotwórczych ze ścieków, w ich badaniu, Adsorpcja prezentacji opieki biologicznej ciała stałego nasyconego płynem jonowym w procedurze eliminacji Tl (I) z wodnych odpowiedzi, Lupa i wsp. (2017) zaproponowali technikę usuwania jonów talu (Tl (I)), niezwykle trujące zanieczyszczenia w wodnych odpowiedzi poprzez zastosowanie płynów jonowych.

Pisarze zaoferowali edukację dotyczącą rozwoju adsorpcji prezentacji adsorpcji kopolimeru styrenu-12% diwinylobenzenu funkcjonalizowanego zbiorami aminofosfatazy w procedurze eliminacji jonów talu z odpowiedzi wodnych, poprzez jego impregnację płynem jonowym CyphosIL-101 nową techniką ultradźwiękową. Zastosowanie nasyconego płynu jonowego polimeru jako adsorbentu w procedurze eliminacji nuklidów promieniotwórczych daje zaawansowaną prezentację adsorpcji, ponieważ w tej sytuacji kompensacja płynów jonowych jest wspólna z posiadaniem stałego zapasu. Kontrastując najwyższą objętość adsorpcji uprzemysłowioną przez celowy adsorbent z innymi adsorbentami podanymi w utworach, stwierdzono, że celowe zasoby występują w podobnej prezentacji adsorpcji w procedurze eliminacji jonów Tl(I) z wyjaśnień wodnych. W edukacji Schematy postępowania w ściekach rozproszonych: kompetencje i ich przewidywany skutek w sprzeczności z lokalną pozycją zwykłego zanieczyszczenia wody. Zaharia (2017) w ramach rumuńskiej edukacji okoliczno¶ciowej rozważa kilka konkretnych zestawów danych spowodowanych trzema obja¶nieniami systemów organizacji ¶cieków stosowanych w sytuacji rumuńskiej korporacji biochemicznej zajmuj±cej się paliwem. W niniejszym badaniu zaproponowano trzy planowane sytuacje organizacji kanalizacyjnych, zaakceptowane w czasie przez rumuńską korporację biochemiczną z NE, w których przedstawiono roślinność przewodzącą ścieki (w układzie centralnym lub rozproszonym), wytrwałość i zagrożenie niektórych pozostałości w ściekach przewodzących odpady roślinne i zwykły receptor wodny, ale także wpływ na środowisko w stosunku do zwykłej powierzchni przylegającej wody, wywołany przez ostatnie uwolnienia w niej odpadów. Efektywny schemat postępowania rozproszonego jest najbardziej wskazany do pracy na etapie biznesowym w relacji wydajność-koszt, aby potwierdzić prezentację wysokiego poziomu postępowania ze ściekami, wykonalny przegląd, regularne utrzymanie, a także rozwój zasad ułatwiających dokonywanie odpowiednich wyborów zakładanych w biznesowych WWMS (grupa ścieków, postępowanie i usuwanie lub recykling na miejscu).

Teodosiu i in. (2017), Demonstrating of instable carbon-based mixs attentions in rooms owing to electronic plans, measured the Instable Biological Mixes, VOCs, as significant contaminants in the inside environment since they can main to severe and even long-lasting belongings to the persons spend extended time in closed accommodations where these mechanisms are produced. Charakterystyczne podstawy LZO to zasoby budowlane, sprzęt, aparatura biurowa i zanieczyszczone powietrze zewnętrzne. Problem może stać się gorszy, jeśli weźmiemy pod uwagę, że w celu oszczędzania energii, podatki za przewietrzanie ulegają skróceniu, a co za tym idzie, zwiększa się uwaga na zanieczyszczenia. W instrukcji do oceny doskonałości powietrza wewnętrznego (IAQ) w drobnych miejscach pracy o niskim napowietrzaniu z produkcją lotnych związków organicznych z aparatury pracowniczej, Teodosiu i in. (2017) uprzemysłowili obliczeniową dynamikę płynów, prototyp CFD, który pozwala na manipulacyjną uwagę na zanieczyszczenia w całym obszarze. Prototyp ten może być nieformalnym substytutem badań i przewidywać wewnątrz standardów LZO w każdej opinii na temat danego obszaru. Konsekwencje są określone w relacjach między aldehydem benzowym, benzenem etylowym, oksylenem, styrenem i toluenem w zarysie uwagi w miejscu pracy. Konsekwencje te wskazują, że zamierzone etapy koncentracji lotnych związków organicznych dzięki aparaturom miejsca pracy znajdują się daleko poniżej ustalonych początkowych norm granicznych.

Popescu et al. (2017), Popescu et al. (2017) dokonali w swoim obiekcie pomiaru zabarwienia gleby i jednoczesnego rozwodnienia zanieczyszczeń biologicznych w glebie metodą elektro kinetyczno-fentonową oraz procedury Fentona w celu remediacji gleby zanieczyszczonej mieszaninami biologicznymi. W celu kontrolowania wpływu zmiennych proceduralnych, takich jak ilość nadtlenku wodoru, wrażliwość i chłonność gleby żeliwnej, uzyskano różne próby z zastosowaniem kaolinitu z dodatkiem rodaminy B. Zastosowanie zabarwionych przykładów ułatwiło nieformalną, intensywną pielęgnację reakcji korozyjnych przecinających złoże ziemi. Te efekty edukacyjne uzupełniły możliwe do zrealizowania założenia związane z maksymalnym stopniem eliminacji barwnika i efektem wrażliwości gleby na żelazo. We wszystkich walizkach, w wyjaśnieniach Anolyte'a i Catholyte'a kwas cytrynowy został uzupełniony w celu rozpuszczenia żelaza jako Fe-citrate multifaceted i utrzymania pH w sytuacji kwasowej, preferując, aby reakcje Fentona zachodziły w ziemi. W zależności od tych wstępnych prób, procedura elektro-kinetyczno-fentonowa została zastosowana w odniesieniu do całej gleby zanieczyszczonej węglowodorami paliwowymi. Po 15 i 27 dniach postępowania uzyskano jednorodną eliminację zanieczyszczeń, odpowiednio około 54,4% i 58,2% kompetencji w zakresie eliminacji całych węglowodorów paliwowych. W trakcie akumulacji, testy biologiczne Microtox wykazały zmniejszenie rezerwy Vibrio Fischera po przewodnictwie glebowym. Podsumowując, przewodnictwo elektrokinetyczno-fentonowe in situ wydaje się być odpowiednią metodą remediacji substancji organicznych, na przykład węglowodorów obecnych w zanieczyszczonych glebach. Informacje o instrumentach związanych z elastycznością i kontrolą zanieczyszczeń w glebie są zbyt obszerne, aby mogły być wykorzystane do tworzenia nowych rozwiązań rekultywacyjnych. Niektóre sztuczne barwniki są zanieczyszczeniami gleby ze względu na ich zatrucie dla ludzi i ekologii. Kolory mogą być również stosowane jako znaczniki do badania szlaków zanieczyszczeń od powierzchniowej gleby do warstw wodonośnych. Edukacja w zakresie zachowania się kolorów w glebie może dostarczyć wiarygodnych informacji o ich adsorpcji, elastyczności, trwałości, degradowalności i przeznaczeniu środowiskowym. Edukacja ta może również dostarczyć cennych informacji na temat szlaków zanieczyszczeń w glebie, gdzie barwniki azowe mogą być stosowane jako znaczniki. Smaranda et al. (2017) w ich rzeczy, Adsorpcja zanieczyszczeń węglowych na rumuńskiej ziemi: Subtelność kolumn i przenoszenie, mierzyły zachowanie zanieczyszczeń węglowych i związane z tym procedury (adsorpcja, desorpcja) w zwykłych glebach poprzez edukację badawczą i demonstrację. Głównym celem było zbadanie procedur przenoszenia i przenoszenia zanieczyszczeń, w szczególności adsorpcji-desorpcji kongijskiego czerwonego barwnika azowego na rumuńską glebę badaną z miejskiej części miasta Iasi. Roztocza są bezkręgowcami obecnymi we wszelkiego rodzaju ekologiach i miejscowościach ze względu na ich specjalizacje morfologiczne i organiczne. Na tych ostatnich etapach coraz częściej praktykuje się je jako bio-wskaźniki, ponieważ są one skomplikowane pod względem odżywczym i biologicznym. Ponadto, są one obszerne, obfite i zróżnicowane, mają krótkie serie imitacji i prawie w całości występują w glebie. In the thing Impact assessment of weighty metallic contamination on soil mite societies (Acari: Mesostigmata) from

Zlatna Depression - Transylvania, Manu et al. (2017) have assessed the substantial metallic contamination stage of soil from twelve plains in Romania and its effect on soil mite societies. Na dwunastu równinach rozpoznano 66 klas roztoczy Mesostigmata, w tym 961 osób. Każda z badanych użytków zielonych została określona typową budową mieszkańców roztoczy glebowych (odmiana klasowa, rozrost arytmetyczny, klasa wiodąca). Badanie głównych mechanizmów ujawniło, że grupy roztoczy glebowych z najbardziej zanieczyszczonych równin, jak również ze stref położonych w pobliżu podstawy zanieczyszczenia, różniły się od tych mniej zanieczyszczonych, odseparowanych od wieży lejowej. Niziny znajdujące się w pobliżu podstawy zanieczyszczenia zostały uznane za najniższą klasę, w przeciwieństwie do tych bardziej oderwanych od wieży kominowej, gdzie elementy te miały najwyższe standardy. Te topografie pozwalają na wykorzystanie dzikiej zwierzyny roztoczowej jako cennego instrumentu organicznego do oceny ciężkiego wpływu metalicznego zanieczyszczonej ekologii.

Winnice wymagają stosowania upraw dla uciążliwości i regulatorów chorób, aby zachować wysokie etapy produkcji i godną uznania doskonałość winogron, a zatem skażenie gleby i powietrza jest nieuniknione. Zanieczyszczenie gleby może być skondensowane zastosowanie aparatu, który zmniejsza ucztowanie materiałów chemicznych do najmniejszej ilości, aby osiągnąć regulator szkodników i chorób. W poprzednich okresach maszyny do rozpraszania zostały wzmocnione odmiennymi planami mającymi na celu zmniejszenie śmiertelności trujących upraw. W celu odkrycia zastosowanych wyjaśnień dotyczących skażenia gleby w winnicach, Diaconu i in. (2017), w swojej edukacji, badania dotyczące zmniejszenia skażenia gleby środkami owadobójczymi w winnicach, osiągnęły badania terenowe z zastosowaniem mechanizmu rozpraszania opracowanego przy użyciu aparatury mającej na celu ponowne przetworzenie nie zarezerwowanego przez schemat dolistny winorośli płynu owadobójczego. Badania osiągnięto dla różnych faz flory w gospodarstwie winiarskim za pomocą aparatury poprawiającej płyn nie zarezerwowany przez osłonę. Coraz większą uwagę poświęca się ekspansji nowych zasobów katalitycznych zależnych od nanocząsteczek metalu, które mają być praktyczne w grupie energii odnawialnej i rozszerzaniu zanieczyszczenia środowiska. W ich pozycji: Kombinacja wyraźnych nanocząstek Pt z mierzoną morfologią w obecności nowych rodzajów termoczułych polimerów, Vasile et al. (2017) stwierdzili, że fotokatalityczne wytwarzanie wodoru z wody jest głównie nadzieją, pozwalającą na zmianę światła słonecznego prosto w praktyczne energie. Przeprowadzone badania pozwoliły na zbadanie mieszaniny platynowych nanocząsteczek fasetowanych z zastosowaniem nowych rodzajów polimerów termoczułych, które stanowią wytyczne konstrukcyjne, a także na sklasyfikowanie idealnych warunków badania w celu uzyskania optymalnej zmiany morfologii nanocząsteczek Pt. Uprzemysłowione zasoby Pt./TiO2 zostały zweryfikowane za pomocą fotokatalitycznej grupy wodorowej pod wpływem promieniowania słonecznego. Konsekwencją tego było ustalenie, że wielkość pierwiastka ma wpływ na produkcję wodoru.

Rozdział 4: Symulacje w inżynierii środowiska

Demonstracje i replikacje wzorca tlenowego są stosowane w celu udowodnienia możliwych zależności od wymagań użytkowników - podejść do stanowisk oprogramowania matematycznego w instrukcjach i próbach inżynierii zachowawczej. Reprodukcja jest stosowana w celu uzyskania zarysów wrażliwości na tlen, niedoboru tlenu, oprócz szybkości odtleniania i ponownego natleniania w celu oddalenia dla stabilnej prędkości rzeki. Reprodukcje przeprowadzane są dla wielu ładunków biologicznych i temperatur otoczenia (Asher Brenner, 2004).

Wykazano, że zarysy wyjaśnień uzyskane w wyniku arytmetycznego odtworzenia świadczą o tym, że procesy te są bardziej skomplikowane niż standardy opinii przygotowane przez logiczne wyjaśnienie. Zastosowanie dostępnych korespondencji programowych pobudza uczonych do zadawania pytań "co jeśli", do wykonywania edukacji parametrycznej i do badania przez "wykrywanie". Dzięki dużej pomocy demonstracji i reprodukcji możemy sobie wyobrazić szybkie rozprzestrzenianie się zastosowania reprodukcji w nauczaniu i powtarzaniu inżynierii środowiska, biochemii i biotechnologii.

Dochodzenie i edukacja w bazie danych kładzie nacisk na istotny aspekt prostych procedur chemicznych, fizycznych i biologicznych, które powodują trudności w zakresie inżynierii środowiska i dyscypliny. Strefy specjalizacji badawczej obejmują: fizyczne, biochemiczne i węglowe procedury zmiany doskonałości wody; rozpylacze i zanieczyszczenia powietrza demonstrujące i regulujące; chemię wody; przenoszenie i przeznaczenie zanieczyszczeń w wodzie, powietrzu i glebie; postępowanie z odpadami stałymi i zasobami niebezpiecznymi; procedury rozdzielania membran; bioremediację zanieczyszczonej gleby i wód gruntowych i inne. O opłaty do Bazy Danych M.Sc. w Inżynierii Ochronnej mogą ubiegać się osoby posiadające wiedzę z zakresu inżynierii lub dziedzin pokrewnych, takich jak chemia, geologia, biologia lub nauki ekologiczne. Stopień magistra jest tak zorganizowany, aby zapewnić kompleksową bazę danych z zakresu inżynierii ekologicznej w celu umożliwienia elastyczności w zakresie zastosowań produkcyjnych, praktycznych lub badawczych. Odpowiednie sekwencje są obowiązkowe dla uczonych, którzy nie mają zajęć z inżynierii. Pakiet równoważący jest przeznaczony na osobnej podstawie, aby sprostać wymaganiom i korzyściom każdego ucznia. Absolwenci kierunków inżynierskich powinni poszerzyć kilka sekwencji, nadając im dokładne poszlaki.

Wiedza komputerowa jest energetycznym, pouczającym warunkiem wstępnym we wszystkich pododdziałach inżynieryjnych Ben-Gurion College. Początki komputerów w poprzednich okresach doprowadziły do zastosowania progresywnego podejścia do nauczania i powtarzania metod inżynierii środowiska w zależności od komputera (Argentyna, 2004). Komputery są wpływowymi planami, które zostały zastosowane w wielu procedurach w celu zebrania, dostarczenia, procedury i zbadania informacji. Ogromna różnorodność celów, które mogą być obsługiwane w sposób sprawiedliwy i profesjonalny, uzupełniła komputer o najlepiej dopasowany instrument do powielania i badania prostych pojedynczości i głębokich, dokładnych reprezentacji. Świadomość wspólnotowa i konstytucyjna w zakresie trudności związanych z zanieczyszczeniem środowiska naturalnego przyczyniły się również do uznania, że przełącznik przewagi środowiskowej zasługuje na takie same mechanizmy jak te, które działają w produkcji. Poważne wartości wyższości powietrza i wody wymagają zastosowania progresywnego podejścia projektowego i kulturalnych programów komputerowych do monitorowania on-line, badania i regulowania prezentacji procedur. Naukowe pokazy i symulacje, które zawierają naukowe powtórzenie lub przedstawienie procedury, są podejściami progresywnymi, które stały się powszechne w nowym roku. Są one stosowane w projekcie procedur postępowania oraz do oceny przenoszenia i zmiany osobliwości wielu zanieczyszczeń w zwykłych środowiskach, takich jak powietrze, rzeki i wody gruntowe (Spanou i Chen, 2000). Mogą one również pomóc jako wpływowe aparaty klasy w programach inżynierii środowiska w przypadku trudności, które mają wiele etapów trudności. Wiedza przez rozmnażanie jest bardzo realna, ponieważ naukowcy mają przypadkowo tylko przetestować posiadanie wielu składników na zwykłych i wykonanych przez człowieka procedurach. Rozmnażanie może również rozprzestrzeniać się i poprawiać skromne trudności, pozwalając naukowcom na wypróbowanie wielu sytuacji i zrozumienie ich znaczenia. W nowym roku pojawiło się kilka programów imitacji i badań informacyjnych, takich jak ASIM (Gujer i Larsen, 1995) czy AQUASIM (Reichert, 1995), które zawierają obszerne instrukcje i powtórzenia dotyczące inżynierii środowiska. Zestaw POLIMATY ze względu na swoją łatwość i zdolność adaptacji może być pomocny jako wstępny instrument instruktażowy (w równym stopniu w klasie wolnej), inspirując do dodatkowej edukacji, praktyki i poszerzania bardziej zaawansowanych planów komputerowych w inżynierii środowiska i aren połączonych.

POLIMATYKA jest zrozumiałym matematycznym zestawem obliczeniowym, który został dokładnie ukształtowany przez inżynierów do zastosowań instruktażowych lub specjalistycznych. Liczne plany POLIMATYCZNE pozwalają operatorowi na rozprzestrzenienie się na rzeczywiste metody badań arytmetycznych podczas wspólnego rozwiązywania problemów na poszczególnych komputerach. Rodzaje trudności, które mogą być rozwiązane za pomocą licznych planów POLIMATYCZNYCH obejmują liniowe i nieliniowe schematy równań algebraicznych, obliczenia różnic normalnych i ograniczonych, obliczenia algebraiczne różnicowe oraz liczne liniowe, wielomianowe i nieliniowe odwroty. Kompensacją POLIMATY dla nauczania akademickiego jest otwartość operatora, krótka krzywa wiedzy i to, że potrzebuje on tylko nominalnej ingerencji operatora w praktyczne szczegóły procedury odpowiedzi. Niektóre pojedyncze topografie POLITYMATY zostaną wskazane w odniesieniu do przypadków zaproponowanych w następnym rozdziale. POLIMATĘ połączono w liczne podkłady, takie jak model Foglera (1999) "Fundamentals of Biochemical Response Engineering" oraz model Kyle'a (1999) "Biochemical and Procedure Thermodynamics". W tych podręcznikach, wyjaśnienia wielu przypadków są oferowane jako prosta kopia wkładu i poziomu POLIMATY oraz plików graficznych z konsekwencjami. Został on szczegółowo zweryfikowany i skontrastowany z dodatkowym oprogramowaniem uzyskiwanym do arytmetycznego rozwiązywania problemów na studiach inżynierskich (Shacham i Cutlip, 1999). Wnioskiem z tej oceny było to, że aby umożliwić inżynierom i pracującym inżynierom rozwiązywanie problemów w sposób najbardziej kompetentny, powinni oni zapoznać się z licznymi korespondencjami programowymi. Wczesny trudny układ i naprawa mogą być zatwierdzone, najbardziej profesjonalnie, za pomocą POLIMATY, podczas gdy dodatkowe fazy monotonnych, składowych wyjaśnień parametrycznych oraz tabelarycznego i graficznego momentu wystąpienia konsekwencji dokonywane są za pomocą pakietu arkusza kalkulacyjnego (np. Excel2) lub zestawu oprogramowania dbającego o projektowanie oprogramowania (np. MATLAB3). Najnowsza forma POLYMATH przygotowuje mimowolne przeniesienie do Excela oraz Excel Add-In do rozwiązywania obliczeń różnic normalnych. Reprezentacje POLYMATH można przywrócić do celów programu MATLAB stosując kilka skromnych instrukcji (Shacham i Cutlip, 2004). Dlatego też, dodając do swojej wartości jako arytmetyczny instrument rozwiązywania problemów POLIMATH pozwala również na skumulowanie stopnia złożoności, w którym stosowane są bazy danych i zmniejsza zastosowanie języków projektowania oprogramowania do rozwiązywania problemów inżynierskich.

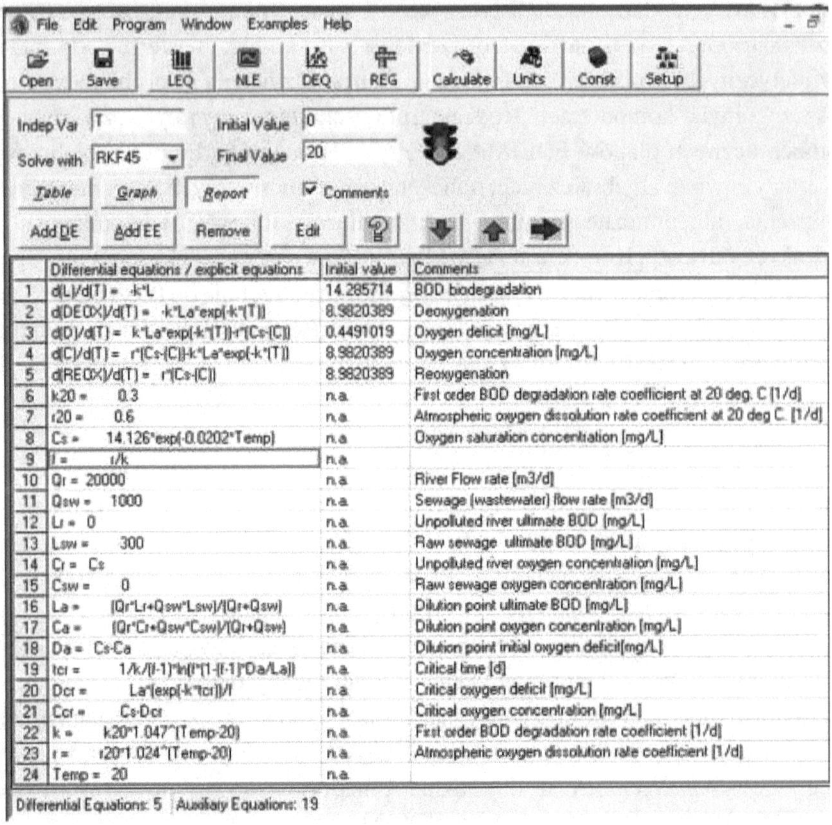

Rys. 16. Ekran wprowadzania POLIMATU dla modelu tlenowego SAG.

Wykazano, że zastosowanie skromnego arytmetycznego instrumentu obliczeniowego do demonstrowania i powielania może być bardzo pomocne w instrukcjach i powtórzeniach inżynierii środowiska. Może on dostarczyć zarysy wielu zmiennych zmian z czasem w jego miejsce standardów opinii tego samego elastycznego często uzyskiwane przez logiczne wyjaśnienie. Prześwietlony zarys znacząco przyczynia się do współczucia dla skomplikowanych procedur. Zastosowanie reprodukcji inspiruje uczonych do zadawania pytań typu "co jeśli" (np. co jest wynikiem wagi biologicznej i/lub temperatury) oraz do edukacji w zakresie transportu składników (zmiana uwagi na tlen, niedobór tlenu i chemiczne zapotrzebowanie na tlen z czasem lub z dystansem) ze względu na szybkość i prostolinijność, z której mogą pochodzić odpowiedzi na te pytania. Dlatego też rozmnażanie pozwala na edukację poprzez "wykrywanie" w miejsce metod wiedzy starego stylu, które są znacznie mniej stymulujące. Istotne jest jednak, że zastosowana komputerowa baza danych jest skromna do zrozumienia i zastosowania, a konsekwencje są nieformalne do zrozumienia. W tej metodzie określenie wiedzy koncentruje się na treści merytorycznej postępu, a nie na mechanicznych szczegółach zastosowanego pakietu. Dzięki zarysowi dostępnych arytmetycznych planów reprodukcji (takich jak POLIMATYKA) z krótką krzywą wiedzy i tylko nieznaczną ingerencją operatora w praktyczne szczegóły procedury wyjaśnień, możemy sobie wyobrazić szybki zarys i rzeczywistą praktykę reprodukcji w nauczaniu i powtarzaniu technik ochrony środowiska, biochemii i biotechnologii.

Rozdział 5: Podejście inżynieryjno-środowiskowe

Podwójny schemat nauczania inżynierów jest określony jako naukowy, programowany w klasie uniwersyteckiej i programowany w klasie "szkoły inżynierskiej". Historyczna ekspansja inżynierii środowiska i kluczowych przedmiotów jest zdefiniowana dodatkowo do jej publicznego włączenia do edukacji zaprogramowanej w inżynierii lądowej i wodnej. Szeroki wachlarz tematyczny obejmuje również program nauczania w zakresie inżynierii środowiska. Grupa w części wprowadzającej. Prosty komponent tematyczny i konkretny komponent JEST przemyślany. Optyka, pojedyncze sekwencje i ramy czasowe instrukcji zaprogramowanych w Inżynierii Środowiska są oferowane. Zaprogramowane z 3 wyznaczonych światów", Hannover. Kaiserslautern i Cottbus są lepiej zdefiniowane, a ich atrakcyjność jest dokładnie określona.

Inżynieria środowiskowa zaprogramowana w ekosferze zajmuje się zarysem Inżyniera Higieny z 1930 roku, z pewnymi różnicami w ciągu ostatnich 15 lat, kiedy to obrona środowiska rozwinęła materiał o silnej uwadze społeczności. Grupa, możliwości i aspekty edukacji inżynierskiej w ogóle oraz Inżynieria Środowiska jako dokładny temat różnią się znacznie w Unii Europejskiej i kontrastują z innymi narodami (Cossu i Canziani, 1985). W latach 1991-1993 przyjęto przegląd stanu pouczającego w zakresie inżynierii środowiska naturalnego w Niemczech. Konsekwencje te zostały wydrukowane przez firmę Geiger (1993), która przedstawiła sporą różnorodność w badanym programie (Theo G. Schmitt 1996).

W największych narodach. Temat "Inżynieria środowiskowa" w Niemczech występuje pod nazwą "Inżynieria higieniczna". Zwykle nazywa się go "Sied Jungswasser wirtschaft" (organizacja wodna w strefach miejskich). W temacie tym podkreśla się trudności związane z wodą i cechy środowiskowe, obudowę aren źródeł wody, odwadnianie miast, odprowadzanie ścieków i usuwanie osadów ściekowych. W ciągu ostatniego okresu, zarówno w programie edukacyjnym, jak i w pracach badawczych, uwzględniono zagęszczoną gospodarkę odpadami oraz trudności związane z zanieczyszczeniem gleby i fortyfikacją gleby. Zanieczyszczenie powietrza jako kolejna znacząca strefa fortyfikacji środowiska nie jest zwykle uwzględniana w programowanej w Niemczech inżynierii środowiska.

Zaawansowane instrukcje zaprogramowane w Niemczech zazwyczaj łączą inżynierię środowiska z branżą inżynierii lądowej i wodnej. Stypendyści rejestrują się i absolwenci jako inżynierowie budownictwa. Wyruszają oni z prostymi postępami w arytmetyce, astronomii i procedurze, które stanowią podstawę dla ostatecznej areny inżynierii organizacyjnej. Ze względu na starożytną ekspansję, organizacja zajmująca się tematyką od czasu do czasu nadal kontroluje zaprogramowaną inżynierię budowlaną. Prosta bezstronność polega na tym, że naukowcy posiadający szczególną wiedzę z zakresu Inżynierii Środowiska powinni być w stanie podjąć wysiłek jako specjaliści w każdej dziedzinie inżynierii lądowej i wodnej - i odwrotnie.

Od kilku lat Instrukcja Inżynierska w Niemczech jest przygotowywana w podwójnej organizacji na dwóch różnych etapach. Szkoły wyższe oraz dawne "Technologische Hochschulen" ("Liceum Metodyczne") mają zaprogramowany program nauczania technicznego. Ich program nauczania obejmuje zwykle 5 lat nauki, spotkania, schematy i propozycję 2-3 miesięcy nauki w piątym roku. Posiadają dyplom ("Diplomingenieur" - DipJ.-Ing.) - podobny do stopnia władcy. Po awansie uczeni są kwalifikowani do natychmiastowego rozpoczęcia swojego powołania specjalistycznego lub do podjęcia pracy doktorskiej. W tej sytuacji uzyskaliby ocenę "Doktor-Ingenieur" po 3-5 latach pracy dochodzeniowej, charakterystycznej dla tego zawodu, oraz drukowaną propozycję doktorską. Warunkiem zatrudnienia w szkole wyższej jest awans z wyższej uczelni, niemieckiego "Abitur" w "Gymnasium" lub równorzędnego. W okresie objętym przeglądem tylko 4 uczelnie miały kontrolowane przyjęcie na swoje studia w zakresie inżynierii lądowej i wodnej (Geiger, 1993).

Dodatkowy urząd podwójnego nauczania inżynierskiego jest kształtowany przez rzekome "Fachhochschulen" ("tematycznie przystosowane do szkół wyższych"), które wyszły z dawnej "Szkoły Inżynierskiej" ("Ingenieurschulen"). Te zaprogramowane przygotowują instrukcję aplikacyjną i zorientowaną na składanie wniosków z 4 latami progresji i wysiłku schematycznego, kończąc 3 do 6 miesięcy wysiłku aplikacyjnego w specjalistycznej ekosferze i propozycją 2 do 3 miesięcy. Jest on uprzywilejowany dyplomem ("Diplomingenieur (FH)" - DipI.-lng. ("FH" i pozwala na bezpośrednią obsługę również jako specjalista.

W 1995 r. na terenie NRD działa 18 szkół wyższych zajmujących się inżynierią środowiska oraz 4 kampusy (Tabela I). Inżynieria środowiskowa (higieniczna) jako samodzielny temat jest od 190I roku w Hanowerze (dawniej "Technische Hochschule") przede wszystkim połączona w Niemczech, badana przez Darmstadt i Drezno około 1930 i Stuttgart 1952. W latach 1962-1977 był on uznawany we wszystkich szkołach wyższych z programami inżynierii lądowej.

W jej skład wchodzą również nowo powstałe szkoły wyższe (Bochum, Essen, Kaiserslautern, Kassel, Hamburg i Cottbus).

Głównie inżynieria środowiskowa jest połączona z programowaniem edukacji w zakresie inżynierii lądowej i wodnej. W Wyższej Szkole Proceduralnej w Berlinie inżynieria środowiskowa jest częścią programowanego kształcenia metodologicznego w zakresie fortyfikacji środowiska". Praktyczny Uniwersytet w Cottbusie, powstały niedawno po konfederacji niemieckiej, uznał "Wiedzę o środowisku i inżynierię biochemiczną" za kształcenie programowe. Włączenie inżynierii środowiska do ostatecznej korekty inżynierii lądowej jest określone ilościowo w wielu szczegółach. Inżynieria lądowa i wodna to zwykle obszerny, ale wyraźny, pouczający temat, który ma mocne podstawy eksperckie. Następnie dostarcza prostych informacji i pozwala na interdyscyplinarne nauczanie, co jest zwykle uznawane za warunek wstępny dla pozytywnego wysiłku jako specjalista - nawet w ekosferze ekspertów (Schmitt, 1993).

Instrukcje inżynierskie programowane na studiach obejmują 5 lat, podzielone na część wprowadzającą, kończącą się kontrolą środkową - tzw. "Vordiplorn" w trakcie lub po drugim roku. Vordiplorn" w trakcie lub po zakończeniu drugiego roku. Prosty komponent tematyczny zwykle kończy się 3 rokiem, po którym komponent wyszczególniający (lata 4 i 5). Nie ma jednak między nimi silnej nieciągłości, ponieważ wcześniej rozpoczęły się pewne progresje poziomu zaawansowanego. Dlatego też nie jest zbyt częste zmienianie college'u po egzaminie średnim, jak to często ma miejsce w krajach, które mają stopień licencjata i magistra.

W kształceniu w zakresie inżynierii lądowej, zwykle wysiłek związany z awansem w ciągu podstawowych 2 do 3 lat jest obowiązkowy dla wszystkich uczonych (komponent wstępny i bezpośredni). Składowa wprowadzająca zawiera zazwyczaj proste sekwencje w matematyce, astronomii i procedurze, które są uzupełnione o niektóre prezentujące progresje w zakresie charakterystycznych tematów inżynierii lądowej i wodnej. Przejściowy test środkowy jest warunkiem koniecznym do kontynuowania zaprogramowanej edukacji. Prosty komponent tematyczny przez cały dodatkowy i trzeci rok zawiera kursy wszystkich tematów z zakresu inżynierii lądowej i wodnej. Teraz, oprócz prostych wartości i praktycznych wyjaśnień w tych dziedzinach, uczeni uczą się wszystkich przedmiotów. W ten sposób wszyscy naukowcy z dziedziny inżynierii lądowej i wodnej wnoszą swój wkład w pewne proste postępy w inżynierii środowiska, szczególnie w zakresie źródeł wody; odwadniania miast i odprowadzania ścieków, osiągając od 4 do 10 godzin dziennie (jednostek), ogólnie.

Po prostej składowej tematycznej Inżynierii Lądowej, naukowcy, którzy wybrali Inżynierię Środowiska jako swój główny temat, otrzymują w ciągu ostatnich 2 lat konkretne instrukcje w zakresie wystąpień, ruchów, sesji i wysiłku warsztatowego. W ilości dodatniej progresje są obowiązkowe dla wszystkich uczonych określających temat; inne możliwe do uzyskania sekwencje pozwalają na oddzielny asortyment. Możliwości progresji przedstawione w Inżynierii Środowiska różnią się między 15 a 40 składnikami (godzinami dobowymi), ze względu na możliwe do uzyskania mieszanki w obrębie lub z innymi określonymi składnikami. Niektóre uczelnie potrzebują mieszaniny 2 lub 3 różnych tematów do określenia w Inżynierii Środowiska, lub Inżynieria Środowiska jest panem określonego składnika, np. "Wiedza o wodzie" lub "Konstrukcja i rozwój środowiska". Inne przygotowują wyczerpujący opis elementu składowego Inżynierii Środowiska. W Inżynierii Środowiska zaprogramowana część tematów w różnych szkołach wyższych (średnie standardy) wykazuje silną dominację przewodnictwa i zaopatrzenia w wodę, w przeciwieństwie do drenażu miejskiego i ogólnej organizacji doskonałości wodnej. Skumulowane znaczenie i pozycja trudności związanych z odpadami stałymi są dobrze widoczne w zaprogramowanym programie nauczania.

Pewna ilość ruchów domowych i wysiłku zorientowanego na schematy uzupełnia program nauczania zorientowanego na mowę, mając możliwość 40 do 100 godzin wysiłku w całym elemencie prostym i 100 do 400 godzin w elemencie określającym. Temat Inżynierii Środowiska jest kontrolowany w formie drukowanej w ciągu 3 do 5 godzin - czasami udostępnianych osobom zainteresowanym - oraz w formie dodatkowej kontroli słownej (od 0,5 do 1 godziny). Wreszcie, propozycja władcy ("Diplomarbeitn") jest opracowywana przez 2 do 3 miesięcy. Dodatkowo ponad 40 % uczonych wybiera badany przedmiot, około 30 % podejmuje wysiłek teoretyczny lub bada stosowane trudności, indywidualnie. Propozycja ta jest nieprecyzyjna i ma na celu wykazanie kompetencji uczonego w zakresie wysiłku technicznego, a także stanowi istotną podstawę do szczególnego wysiłku. Dzięki elastycznemu i technicznie zorientowanemu kształceniu - szczególnie w komponencie precyzującym - które nie wykorzystuje czasu i okresów na przemieszczanie się w domu, wysiłek związany z planowaniem i kontrolą bardzo mocno, naukowcy rzadko osiągają jakość przy stałym dystansie zaprogramowanego kształcenia (8-10 semestrów), ale potrzebują od 1 do 2 dodatkowych lat.

Inżynieria środowiskowa zaprogramowana w C'Pachbochschulen 'Uniwersytetach Inżynierskich') wykazuje jeszcze większą różnorodność. W 1993 roku około 40 uniwersytetów zaprezentowało programowaną inżynierię środowiska, większość z nich w ramach inżynierii lądowej i wodnej. Zazwyczaj na tych 'Uniwersytetach Inżynierskich' określenie komponentów jest stosunkowo nieistotne na korzyść inżynierii mechanicznej, czasami związanej z nauczaniem. Różnorodność sekwencji prezentowanych w Inżynierii Środowiska - częściowo plus organizacja odpadów stałych - została określona pomiędzy mniej niż 10 a więcej niż 30 komponentami (godzinami dobowymi), w całości, przy średniej cenie od 16 do 18 komponentów.

Postępy te są raczej prezentowane między 5. a 7. semestrem. Inspekcja wpisowa i propozycja od 2 do 3 miesięcy są zazwyczaj zakończone w 8. semestrze. Bardziej zorientowana na uczelnię i mniej technicznie zaprogramowana grupa pozwala uczonym na osiągnięcie rzeczywistej jakości po 8 lub 9 semestrach (4 latach).

W kolejnych latach Inżynieria Środowiska zaprogramowana na trzech różnych uczelniach będzie oferowana w lepszej funkcji, aby pokazać wybór i zmiany w instruktażowym zaprogramowanym i dostarczyć zdrowsze sympatię do instrukcji Inżynierii Środowiska w klasie college'u w Niemczech.

Indywidualna aparatura i czynności dochodzeniowe. Każda z dziedzin "techniki kanalizacyjnej". "biologia wodna", "zaopatrzenie w wodę" i "gospodarka odpadami stałymi" są załączone przez jednego profesora. Ponadto do 4 profesorów uczelnia przygotowuje 2 pomocników dochodzeniowych do opieki nad instruktażem oraz 7 pracowników praktycznych (warsztat). Ogromna ilość programów badawczych pozwoliła na zatrudnienie około 25 kolejnych pomocników badawczych w organizacji, zajmujących się różnymi tematami badań, podkreślających techniki eliminacji składników odżywczych dla krajowych działań na rzecz gospodarki ściekowej, produkcji ścieków. Techniki prowadzenia badań anaerobowych, ekologii ścieków i problemów z odpadami stałymi.

Aparat pracowniczy pozwala na udział 20 naukowców w pracy w tym samym czasie z 6-osobową załogą mechaniczną. Dla potrzeb procesorów w ramach zaprogramowanej edukacji można uzyskać 20 indywidualnych procesorów i współpracowników.

Instruktażowo zaprogramowany. Spośród przedstawionych progresów, 6 komponentów (godzin tygodniowych) jest w komponencie prostym, obowiązkowym dla wszystkich uczonych z zakresu inżynierii lądowej i wodnej, a dodatkowe 26 komponentów jest obowiązkowych dla uczonych w komponencie określającym, w połączeniu z innymi tematami, np. organizacja zasobów wodnych. 4 komponenty oddzielnego specjalnego dodatku Inżynieria Środowiska zaprogramowana. Instrukcja Inżynierii Ekologicznej w Hanowerze wykazuje duże znaczenie w prowadzeniu gospodarki ściekowej i zwykłej wiedzy z zakresu chemii wodnej i ekologii ścieków. Około 20 procent naukowców zarejestrowanych w Instytucie Inżynierii Lądowej i Wodnej określa w Inżynierii Ekologicznej.

Nie ma żadnych sekwencji w chemii (wodnej) ani w ekologii, ani we wstępie, ani w prostej składowej programowanej inżynierii lądowej i wodnej. Naukowcy mogą jednak wybrać niektóre adresy zwykłej wiedzy z zakresu chemii i/lub ekologii w ramach danego komponentu, zmieniając te kwestie, np. wbrew niektórym postępom w inżynierii organizacyjnej (równe zapisy jednostkowe).

Głównym uzupełnieniem niemieckiego nauczania inżynierii środowiska w ramach zaprogramowanej edukacji w zakresie inżynierii lądowej jest odkrycie jego równania w większości krajów europejskich (Cossu et al, 1985). Zazwyczaj jest to arbitralne, aby dostarczyć głęboko zakorzenioną, prostą informację o zwykłej i inżynierskiej wiedzy i niezbędnej, interdyscyplinarnej empatii jak najlepiej. Chociaż ogólna przewaga inżynierii operacyjnej w większości zaprogramowanych nauk jest oceniana jako graniczna obecność większej ilości progresji zwykłych nauk (chemia, biologia). Podwójny układ w kształceniu inżynierskim na poziomie szkoły wyższej i poza nią ma rozszerzoną instytucję. w Niemczech. Jednak zmiany zarówno w zakresie nauczania programowego, jak i specjalistycznego, wydają się graniczyć z nadchodzącymi, stanowiąc odmienność w europejskiej dziedzinie nauczania.

Z europejskiego punktu widzenia, niemiecka instrukcja zazwyczaj - a dokładnie wiedza inżynierska - również aspekt silnej tendencji do Bachelor-Master- grupy studiów zaprogramowanych w Europie Wschodniej i Azji jako zdrowe. Kompresja wzrośnie albo uzupełnić lub skutecznie walczyć z tymi zmianami w wyspecjalizowanym powołaniu wnioskodawców po ich odmiennej instrukcji.

Referencje

Abdollahi, Y., Zakaria, A., Abbasiyannejad, M. , Masoumi, H. R. F. , Moghaddam, M. G. , Matori, K. A. , et al. (2013). Artificial neural network modeling of p-cresol pho- todegradation. Chemistry Central Journal, 7 (1), 96.

Adamowski, J., & Chan, H. F. (2011). A wavelet neural network conjunction model for groundwater level forecasting. Journal of Hydrology, 407 (1-4), 28-40.

Adams, C. D., Cozzens, R. A., & Kim, B. J. (1997). Effects of ozonation on the biodegradability of substituted phenols. Water Research, 31 (10), 2655-2663.

Agrawal, P. K., Shrivastava, R., & Verma, J. (2019). Bioremediationapproachesfor degradation and detoxification of polycyclic aromatic hydrocarbons. In Emerging and eco-friendly approaches for waste management (pp. 99-119). Springer .

Aguilar, C. M., Rodríguez, J. L. , Chairez, I. , Tiznado, H. , & Poznyak, T. (2017). Degradacja naftowo-talenowa poprzez katalityczne dzielenie na strefy na podstawie tlenku niklu: Badanie etanolu jako rozpuszczalnika. Environmental Science and Pollution Research, 24 (33), 25550-25560.

Amani-Ghadim, A., & Dorraji, M. S. (2015). Modelowanie procesu fotokatalitycznego na syntetyzowanych nanocząstkach ZnO: Opracowanie modelu kinetycznego i sztucznych sieci neuronowych. Zastosowana kataliza B: Środowiskowa, 163, 539-546.

Anderson, J. A. (2006). McCulloch-Pitts Neurony . Biblioteka Wiley Online . Antwi, P., Li, J. , Meng, J. , Deng, K. , Quashie, F. K. , Li, J. , et al. (2018). Feedforward neural network model estimating pollution removal process within mesophilic upflow anaerobic slad blanket bioreactor treating industrial starch processing wastewater. Technologia bioreaktorów, 257, 102-112.

Aoyama, A., & Venkatasubramanian, V. (1995). Internal model control framework using neural networks for the modeling and control of a bioreactor. Engineering Applications of Artificial Intelligence, 8 (6), 689-701.

Arabi, E. , Gruenwald, B. C. , Yucelen, T. , & Nguyen, N. T. (2018). Referencyjny model referencyjny adaptacyjnej architektury sterowania dla odrzucenia zaburzeń i tłumienia niepewności ze ścisłymi gwarancjami skuteczności działania. International Journal of Control, 91 (5), 1195-1208 .

Arpornwichanop, A. , & Shomchoam, N. (2009). Control of fed-batch bioreactors by a hybrid on-line optimal control strategy and neural network estimator. Neuro- computing, 72 (10-12), 2297-2302 .

Baker, B., Gupta, O., Naik, N., & Raskar, R. (2016). Projektowanie archi- tektów sieci neuronowej z wykorzystaniem nauki wzmacniania. arXiv preprint arXiv: 1611.02167 .

Bakshi, B. R., & Stephanopoulos, G. (1993). Wave-net: Hierarchiczna, wielorozdzielcza sieć neuronowa z lokalną edukacją. AIChE Journal, 39 (1), 57-81.

Basheer, I. A., & Hajmeer, M. (20 0 0). Sztuczne sieci neuronowe: Podstawy, com- puting, projektowanie, i zastosowanie. Journal of microbiological methods, 43 (1), 3-31.

Bastin, G. (2013). On-line estimation and adapttive control of bioreactors: 1. Elsevier.

Behler, J. (2015). Konstruowanie wysokowymiarowych potencjałów sieci neuronowych: Rewizja tuto- rialu. International Journal of Quantum Chemistry, 115 (16), 1032-1050 .

Beltrán, F., García-Araya, J. , Rivas, F. , Alvarez, P. , & Rodríguez, E. (20 0 0). Kinetyka konkurencyjnej ozonacji niektórych związków fenolowych obecnych w ściekach z przemysłu przetwórstwa spożywczego. Ozon, 22 (2), 167-183.

Beltrán, F. J. , González, M. , Ribas, F. J. , & Alvarez, P. (1998). Odczynnik Fentonowy do zaawansowanego utleniania wielopierścieniowych węglowodorów aromatycznych w wodzie. Water Air Soil Pollu- tion, 105 (3-4), 685-700.

Bengio, Y. , Goodfellow, I. J. , & Courville, A. (2015). Głębokie uczenie się. Natura, 521 (7553), 436-4 4 .

Inżynieria środowiskowa. Strona internetowa: https://en.wikipedia.org/wiki/Environmental_engineering.

"Kariera w inżynierii środowiskowej i nauce o środowisku". American Academy of Environmental Engineers & Scientists. Odzyskane w latach 2019-03-23.

Skocz do:a b c "Zawodów Architektonicznych i Inżynierskich". Podręcznik dotyczący perspektyw zawodowych. Bureau of Labor Statistics. 20 lutego 2019 roku. Odzyskane 23 marca 2019 r.

Beychok, Milton R. (1967). Aqueous Wastes from Petroleum and Petrochemical Plants (1st ed.). John Wiley & Sons. LCCN 67019834.

Tchobanoglous, G.; Burton, F.L. & Stensel, H.D. (2003). Wastewater Engineering (Treatment Disposal Reuse) / Metcalf & Eddy, Inc (4th ed.). McGraw-Hill Book Company. ISBN 978-0-07-041878-3.

Turner, D.B. (1994). Workbook of atmospheric dispersion estimates: an introduction to dispersion modeling (2nd ed.). CRC Press. ISBN 978-1-56670-023-8.

Beychok, M.R. (2005). Fundamentals Of Stack Gas Dispersion (4th ed.). autor-published. ISBN 978-0-9644588-0-2.

Centrum Informacji o Karierze. Agrobiznes, środowisko i zasoby naturalne (9. edycja). Macmillan Reference. 2007.

"Uzyskać Certyfikat Zarządu w zakresie inżynierii środowiska". American Academy of Environmental Engineers & Scienteists. Odzyskane w latach 2019-03-23.

"NCEES PE Informacje o egzaminie środowiskowym". NCEES. NCEES. Odzyskane w latach 2019-03-23.

"Profesjonalne instytucje inżynieryjne". Rada Inżynieryjna. Odzyskane w latach 2019-03-23.

Skocz do Masona, Matthew. "Inżynieria środowiskowa. Why It's Vital for Our Future". Nauka o środowisku. Odzyskane 2019-03-23.

Jansen, M. (październik 1989). "Water Supply and Sewage Disposal at Mohenjo-Daro". Archeologia światowa. 21 (2): 177-192. doi:10.1080/00438243.1989.9980100. JSTOR 124907. PMID 16470995.

Angelakis, Andreas N.; Rose, Joan B. (2014). "Rozdział 2: "Technologie sanitarne i ściekowe w cywilizacji doliny Harappa/Indus (ok. 2600-1900 p.n.e.)". Evolution of Sanitation and Wastewater Technologies through the Centuries. IWA Publishing. s. 25-40. ISBN 9781780404851.

"Finansowanie - inżynieria środowiska". US National Science Foundation. Odzyskane w latach 2013-07-01.

"Infekcje wodopochodne". Encyklopedia.com. Odzyskane 2019-03-23.

Radniecki, Tyler. "Co to jest inżynieria środowiskowa?" Wyższa Szkoła Inżynieryjna. Uniwersytet Stanowy w Oregonie. Odzyskane 2019-03-23.

Masters, Gilbert (2008). Wprowadzenie do inżynierii środowiska i nauki. Upper Saddle River, N.J.: Prentice Hall. ISBN 978-0-13-148193-0.

Sims, J. (2003). Osad czynny, Encyklopedia Środowiska. Detroit.

McGraw-Hill Encyklopedia Nauk i Inżynierii Środowiska (3rd ed.). McGraw-Hill, Inc. 1993.

Davis, M. L. i D. A. Cornwell, (2006) Introduction to environmental engineering (4th ed.) McGraw-Hill ISBN 978-0072424119.

Wprowadzenie do inżynierii środowiska i nauki. GM Masters, WP Ela - 1991 - people.bu.edu

Wprowadzenie do inżynierii środowiska. ML Davis, A David - 2008- entrospace.nilebasin.org. https://hdl.handle.net/20.500.12351/421.

Wprowadzenie do inżynierii środowiska. A Salic, B Zelic - Physical Sciences Reviews, 2018 - adsabs.harvard.edu.

Inżynieria środowiskowa. AA FIELD - Mechanical Engineer's Reference Book, 1973 - Elsevier. https://doi.org/10.1016/B978-0-408-00083-3.50037-0. Książka referencyjna inżyniera mechanika. 1973 r., strony 15-24-15-83.

GIVONI, B., Man Climate & Architecture, Elsevier (1969)

FANGER, P. O., Thermal Comfort, Danish Technical Press (1970)

ASHRAE Handbook of Fundamentals

MISSENARD, F. A., Radiant Heating and Cooling, Eyrolles (1959).

RECKNAGEL-SPENGER, paperback do ogrzewania, wentylacji i klimatyzacji, Oldenbourg (1970)

BASNETT, P., "Ogrzewanie pomieszczeń za pomocą paneli średniotemperaturowych", Jour. IHVE, 36, 120 (1968)

CHRENKO, F. A., "Podgrzewane sufity i komfort", Jour. IHVE. 20, 375 (1953)

RiLEY, J. M., "The development of the cast iron sectional boiler", Jour. IHVE, 38, 160 (1970)

KELL, J. R. i MARTIN, P. L., The Nuffield College Heat pump', Jour. IHVE, 30, 333 (1963)

Brightside Chimney Design Manual, Technitrade Journals Ltd., 2nd ed (1970)

Fotokatalityczne zastosowania Mikro- i Nano-TiO2 w inżynierii środowiska. S Kwon, M Fan, AT Cooper, H Yang - Recenzje w dziedzinie ochrony środowiska, 2008 - Taylor & Francis.

Inżynieria środowiskowa: Stopniowa piroliza odpadów z tworzyw sztucznych. Autor łączy otwarty panelnakładkowy H.BockhornJ.HentschelA.HornungU.Hornung. Inżynieria chemiczna. Tom 54, numery 15-16, lipiec 1999, str. 3043-3051. https://doi.org/10.1016/S0009-2509(98)00385-6.

Planowanie środowiskowe i podejmowanie decyzji. L Ortolano - 1984 - osti.gov.

Rozwiązywanie problemów w inżynierii środowiska i geonaukach za pomocą sztucznych sieci neuronowych. FU Dowla, FJ Dowla, LL Rogers, LL Rogers - 1995 - books.google.com.

Podręcznik inżynierów ochrony środowiska. DHF Liu, BG Liptak - 1997 - taylorfrancis.com. https://doi.org/10.1201/9780367805333

Metoda podziału na strefy geologiczno-inżynierskiego środowiska górniczego z uwzględnieniem stopnia wpływu działalności górniczej na fitosanitarny poziom wodonośny. Journal of Hydrology, Volume 578, November 2019, Article 124020. Shiliang Liu, Wenping Li, Wei Qiao, Xiaoqin Li, Jianghui He.

Artykuł przeglądowy, Badanie zastosowania sztucznych sieci neuronowych do identyfikacji i kontroli w inżynierii środowiska: Biologiczne i chemiczne systemy o niepewnych modelach. Coroczny przegląd w kontroli, w prasie, poprawiony dowód, dostępny online 16 sierpnia 2019. Alexander Poznyak, Isaac Chairez, Tatyana Poznyak. https://doi.org/10.1016/j.arcontrol.2019.07.003.

Benitez, F. J., Real, F. J., Acero, J. L., Garcia, J., & Sanchez, M. (2003). Kinetics of the ozonation and aerobic biodegradation of wine vinasses in discontinuous and continuous processes. Journal of Hazardous Materials, 101(2), 203-218.

Boczkaj, G., Fernandes, A., & Makos, P. (2017). Study of different advanced oxidation processes for wastewater treatment from petroleum bitumen production at basic ph. Industrial & Engineering Chemistry Research, 56(31), 8806-8814.

Boyce, J. M., Havill, N. L., Otter, J. A., McDonald, L. C., Adams, N. M., Cooper, T., et al. (2008). Impact of hydrogen peroxide vapor room decontamination on clostridium difficile environment contamination and transmission in a healthcare setting. Infection Control & Hospital Epidemiology, 29(8), 723-729.

Bradbury, J., Merity, S., Xiong, C., & Socher, R. (2016). Quasi-prądowe sieci neuronowe. arXiv:1611.01576.

Brillas, E., & Martínez-Huitle, C. A. (2015). Decontamination of wastewaters containing synthetic organic dyes by electrochemical methods. Uaktualniony przegląd. Applied Catalysis B, 166, 603-643.

Brindha, R., Muthuselvam, P., Senthilkumar, S., & Rajaguru, P. (2018). Fe0 katalizowany proces fotofentonowy do detoksykacji biodegradowanych produktów zaprawy barwnikowej azowej 10. Chemosfera, 201, 77-95.

Buice, M. A., & Chow, C. C. (2013). Dynamic finite size effects in spiking neural networks. PLoS Computational Biology, 9(1), e1002872.

Burello, E., & Rothenberg, G. (2006). In silico design in homogeneous catalysis using descriptor modeling. International Journal of Molecular Sciences, 7(9), 375-404.

Bystrov, V., Piccirillo, C., Tobaldi, D., Castro, P., Coutinho, J., Kopyl, S., et al. (2016). Oxygen vacancies, the optical band gap (eg) and photocatalysis of hydroxyapatite: comparing modeling with measured data. Applied Catalysis B, 196, 100-107.

Cabrera, A., Poznyak, A., Poznyak, T., & Aranda, J. (2002). Identification of a fed- batch fermentation process: Porównanie eksperymentów obliczeniowych i laboratoryjnych. Bioprocess and Biosystems Engineering, 24(5), 319-327.

Camel, V., & Bermond, A. (1998). Zastosowanie ozonu i związanych z nim procesów utleniania w uzdatnianiu wody pitnej. Water Research, 32(11), 3208-3222.

de Canete, J. F., del Saz-Orozco, P., Baratti, R., Mulas, M., Ruano, A., & Garcia-Cerezo, A. (2016). Soft-sensingowa ocena stężenia ścieków w biologicznej oczyszczalni ścieków przy użyciu optymalnej sieci neuronowej. Expert Systems with Applications, 63, 8-19.

Cao, W., Wang, X., Ming, Z., & Gao, J. (2018). Recenzja o sieciach neuronowych z przypadkowymi wagami. Neurocomputing, 275, 278-287.

Carrillo-Nieves, D., Alanís, M.J.R., de la Cruz Quiroz, R., Ruiz, H.A., Iqbal, H.M., & Parra-Saldívar, R. (2019). Current status and future trends of bioethanol production from agro-industrial wastes in mexico. Renewable and Sustainable Energy Reviews, 102, 63-74.

Cerniglia, C. E. (1993). Biodegradacja wielopierścieniowych węglowodorów aromatycznych. Current Opinion in Biotechnology, 4(3), 331-338.

Chandar, S., Khapra, M. M., Larochelle, H., & Ravindran, B. (2016). Korelacyjne sieci neuronowe. Obliczenia neuronowe, 28(2), 257-285.

Chandrasekaran, M., Muralidhar, M., Krishna, C. M., & Dixit, U. (2010). Application of soft computing techniques in machining performance prediction and optimization: a literature review. The International Journal of Advanced Manufacturing Technology, 46(5-8), 445-464.

Chávez, A., Gimeno, O., Rey, A., Pliego, G., Oropesa, A., & Álvarez, P. (2019). Oczyszczanie silnie zanieczyszczonych ścieków przemysłowych za pomocą sekwencyjnego tlenowego utleniania biologicznego aopsa na bazie ozonu. Chemical Engineering Journal, 361, 89-98.

Chen, F.-C. (1990). Sieci neuronowe z propagacją wsteczną do nieliniowej samostrajającej się kontroli adaptacyjnej. IEEE Control Systems Magazine, 10(3), 44-48.

Cheng, J. (2017). Biomasa do procesów energii odnawialnej. Prasa CRC.

Cheng, L., Liu, W., Hou, Z.-G., Yu, J., & Tan, M. (2015). Neuronosieciowy, nieliniowy model sterowania predykcyjnego siłowników piezoelektrycznych. IEEE Transactions on Industrial Electronics, 62(12), 7717-7727.

Çinar, Ö., Hasar, H., & Kinaci, C. (2006). Modelowanie zanurzonego bioreaktora membranowego oczyszczającego ścieki z serwatki serowej za pomocą sztucznej sieci neuronowej. Journal of Biotechnology, 123(2), 204-209.

Ciresan, D. C., Meier, U., Masci, J., Gambardella, L. M., & Schmidhuber, J. (2011). Elastyczne, wysokowydajne, konwulsyjne sieci neuronowe do klasyfikacji obrazów. Dwudziesta druga międzynarodowa wspólna konferencja poświęcona sztucznej inteligencji.

Cong, Q., & Yu, W. (2018). Zintegrowany czujnik miękki z falową siecią neuronową i fuzją adaptacyjną ważoną w celu oszacowania jakości wody w procesie oczyszczania ścieków. Pomiar, 124, 436-446.

Cunha, D. L., de Araujo, F. G., & Marques, M. (2016). Photolysis and heterogeneous photocatalysis for removal of emerging pollutants from water. Linnaeus Eco-Tech. 187–187

Daghrir, R., Drogui, P., & Robert, D. (2013). Modified TiO2 for environmental photocatalytic applications: a review. Industrial & Engineering Chemistry Research, 52(10), 3581-3599.

De Nevers, N. (2010). Air pollution control engineering. Prasa falista. Deng, L., Yu, D., et al. (2014). Deep learning: methods and applications. Fundations and Trends® in Signal Processing, 7(3-4), 197-387.

Do Nascimento, C. A., Oliveros, E., & Braun, A. M. (1994). Modelowanie sieci neuronowych dla procesów fotochemicznych. Chemical Engineering and Processing, 33(5), 319-324.

Dochain, D., Babary, J.-P., & Tali-Maamar, N. (1992). Modelowanie i adaptacyjne sterowanie bioreaktorami o nieliniowych parametrach rozproszonych poprzez ortogonalną kolokację. Automatica, 28(5), 873-883.

Dowla, F. U., & Rogers, L. L. (1995). Solving problems in environmental engineering and geosciences with artificial neural networks. Mit Press

. Droste, R. L., & Gehr, R. L. (2018). Theory and practice of water and wastewater treatment. John Wiley & Sons.

Elman, J. L. (1993). Uczenie się i rozwój w sieciach neuronowych: Znaczenie rozpoczynania małych. Cognition, 48(1), 71-99.

Etacheri, V., Di Valentin, C., Schneider, J., Bahnemann, D., & Pillai, S. C. (2015). Widoczna aktywacja światła fotokatalizatorów TiO2: Postępy w teorii i eksperymentach. Journal of Photochemistry and Photobiology C., 25, 1-29.

Fagan, R., McCormack, D. E., Dionysiou, D. D., & Pillai, S. C. (2016). A review of solar and visible light active TiO2 photocatalysis for treating bacteria, cyanotoxins and contaminants of emerging concern. Materials Science in Semiconductor Processing, 42, 2-14.

Fatta-Kassinos, D., Vasquez, M., & Kümmerer, K. (2011). Transformacja produktów farmaceutycznych w wodach powierzchniowych i ściekach powstających podczas fotolizy i zaawansowanych procesów utleniania - degradacja, wyjaśnianie produktów ubocznych i ocena ich potencji biologicznej. Chemosfera, 85(5), 693- 709.

Fuchs, G., Boll, M., & Heider, J. (2011). Microbial degradation of aromatic compoundsâfrom one strategy to four. Nature Reviews Microbiology, 9(11), 803.

Gadhe, A., Sonawane, S. S., & Varma, M. N. (2015). Enhanced biohydrogen production from dark fermentation of complex dairy wastewater by sonolysis. International Journal of Hydrogen Energy, 40(32), 9942-9951.

Gao, J., & You, F. (2015). Optymalne projektowanie i obsługa sieci łańcucha dostaw w zakresie gospodarki wodnej przy wydobyciu gazu łupkowego: Model Milfp i algorytmy dla nexusa wodno-energetycznego. AIChE Journal, 61(4), 1184-1208.

Garcia-Becerra, F. Y., & Ortiz, I. (2018). Biodegradacja powstających organicznych mikrozanieczyszczeń w niekonwencjonalnym biologicznym oczyszczaniu ścieków: Przegląd krytyczny. Environmental Engineering Science, 35(10), 1012-1036.

Gershenson, C. (2003). Sztuczne sieci neuronowe dla początkujących. arXiv preprint arXiv:cs/0308031.

Ghosh, S., Dairkee, U. K., Chowdhury, R., & Bhattacharya, P. (2017). Wodór z odpadów z przetwórstwa spożywczego poprzez fotofermentację z wykorzystaniem fioletowych bakterii bezsiarkowych (PNSB) - przegląd. Energy Conversion and Management, 141, 299-314.

GilPavas, E., Dobrosz-Gómez, I., & Gómez-García, M. Á. (2018). Optymalizacja sekwencyjnej koagulacji chemicznej - proces elektroutleniania do oczyszczania przemysłowych ścieków tekstylnych. Journal of water process engineering, 22, 73-79.

Giwa, A., Daer, S., Ahmed, I., Marpu, P., & Hasan, S. (2016). Experimental investigation and artificial neural networks ANNs modeling of electrically-enhanced membrane bioreactor for wastewater treatment. Journal of Water Process Engineering, 11, 88-97.

Glorot, X., & Bengio, Y. (2010). Understanding the difficulty of training deep feedforward neural networks. In Proceedings of the thirteenth international conference on artificial intelligence and statistics (pp. 249-256).

Goi, A., & Trapido, M. (2004). Degradacja wielopierścieniowych węglowodorów aromatycznych w glebie: Odczynnik Fentona kontra ozonowanie. Environmental Technology, 25(2), 155-164.

Goodwin, G. C., & Mayne, D. Q. (1987). A parameter estimation perspective of continuous time model reference adapttive control. Automatica, 23(1), 57-70.

Govindaraju, R. S., & Rao, A. R. (2013). Sztuczne sieci neuronowe w hydrologii: 36. Springer Science & Business Media.

Grymonpre, D. R., Finney, W. C., & Locke, B. R. (1999). Aqueous-phase pulsed streamer corona reactor using suspended activated carbon particles for phenol oxidation: model-data comparison. Chemical Engineering Science, 54(15), 3095-3105.

Hamed, M. M., Khalafallah, M. G., & Hassanien, E. A. (2004). Prediction of wastewater treatment plant performance using artificial neural networks. Environmental Modelling & Software, 19(10), 919-928.

Han, H.-G., Zhang, L., Liu, H.-X., & Qiao, J.-F. (2018). Wielocelowy projekt sterownika sieci rozmytej sieci neuronowej dla procesu oczyszczania ścieków. Zastosowany Soft Computing, 67, 467-478.

Hang, Y., Qu, M., & Ukkusuri, S. (2011). Optymalizacja projektowania układu chłodzenia słonecznego przy użyciu centralnych technik projektowania kompozytowego. Energy and Buildings, 43(4), 988-994.

Hansch, C., & Fujita, T. (1964). p-σ - π analysis. a method for the correlation of biological activity and chemical structure. Journal of the American Chemical Society, 86(8), 1616-1626.

Hardiman, T., Meinhold, H., Hofmann, J., Ewald, J. C., Siemann-Herzberg, M., & Reuss, M. (2010). Prediction of kinetic parameters from dna-binding site sequences for modeling global transcription dynamics in escherichia coli. Metabolic Engineering, 12(3), 196-211.

Haritash, A., & Kaushik, C. (2009). Biodegradation aspects of polycyclic aromatic hydrocarbons (pahs): A review. Journal of Hazardous Materials, 169(1), 1-15. Hassani, A., Khataee, A., Fathinia, M., & Karaca, S. (2018). Ozonowanie fotokatalityczne cyprofloksacyny z roztworu wodnego przy użyciu nanokompozytu TiO2/mmt: Nieliniowe modelowanie i optymalizacja procesu poprzez sztuczną sieć neuronową zintegrowany algorytm genetyczny. Bezpieczeństwo procesu i ochrona środowiska, 116, 365-376.

Haykin, S. (1994). Sieci neuronowe. Kompleksowa fundacja. Nowy Jork: IEEE Press. Haykin, S. (2009). Sieci neuronowe i maszyny do nauki.

Prentice Hall. Hernandez-Mejia, G., Alanis, A. Y., & Hernandez-Vargas, E. A. (2018). Neuronowe sterowanie odwrotne optymalne dla układów impulsowych w czasie dyskretnym. Neurocomputing, 314, 101-108.

Hertz, J. A. (2018). Wprowadzenie do teorii obliczeń neuronowych. CRC Press.

Hoffmann, M. R., Martin, S. T., Choi, W., & Bahnemann, D. W. (1995). Environmental applications of semiconductor photocatalysis. Chemical Reviews, 95(1), 69-96.

Hoigne, J., & Bader, H. (1983). Stałe stężenia reakcji ozonu ze związkami organicznymi i nieorganicznymi w wodzie-i. Water Research, 17, 173-183.

Hoigné, J., & Bader, H. (1983). Stałe stężenia reakcji ozonu ze związkami organicznymi i nieorganicznymi w pasztetach wodnych: Nie dysocjujące związki organiczne. Water Research, 17(2), 173-183.

Hopfield, J. J. (1982). Sieci neuronowe i systemy fizyczne z pojawiającymi się zbiorowymi zdolnościami obliczeniowymi. Postępowanie Narodowej Akademii Nauk, 79(8), 2554-2558.

Hsieh, H.-Y., & Tang, K.-T. (2012). Vlsi wdrożenie bio-inspirowanej węchowej sieci neuronów kolczastych. IEEE Transactions on Neural Networks and Learning Systems, 23(7), 1065-1073.

Hunter, D., Yu, H., Pukish III, M. S., Kolbusz, J., & Wilamowski, B. M. (2012). Selection of proper neural network sizes and architecturesâa comparative study. IEEE Transactions on Industrial Informatics, 8(2), 228-240.

Hussain, M., & Kershenbaum, L. (2000). Implementation of an inverse-model-based control strategy using neural networks on a partially simulated exothermic reactor. Chemical Engineering Research and Design, 78(2), 299-311.

Ioannou, P., & Sun, J. (1996). Solidna kontrola adaptacyjna. Prentice Hall. Jans, U., & Hoigné, J. (1998). Węgiel aktywny i czerń węglowa katalizowały przemianę wodnego ozonu w oh-radicals. Nauka i inżynieria oazonowa.

Jha, P., Kana, E., & Schmidt, S. (2017). Czy metodologia sztucznych sieci neuronowych i powierzchni reakcji może wiarygodnie przewidzieć produkcję wodoru i usuwanie dorsza w bioreaktorze uasb? International Journal of Hydrogen Energy, 42(30), 18875-18883.

Ji, S., Xu, W., Yang, M., & Yu, K. (2013). Trójwymiarowe konwulsyjne sieci neuronowe do rozpoznawania ludzkich działań. IEEE Transactions on Pattern Analysis and Machine Intelligence, 35(1), 221-231.

Jordan, M. I. (1996). Komputerowe aspekty sterowania ruchem i uczenia się silników. Handbook of Perception and Action, 2, 71-120. Jorjani, E., Chelgani, S. C., & Mesroghli, S. (2008). Application of artificial neural networks to predict chemical desulfurisation of tabas coal. Fuel, 87(12), 2727- 2734.

Kar, A. K. (2016). Bioinspirowane obliczenia - przegląd algorytmów i zakresu zastosowań. Expert Systems with Applications, 59, 20-32.

Karayiannis, N., & Venetsanopoulos, A. N. (2013). Artificial neural networks: learning algorithms, performance evaluation, and applications: 209. Springer Science & Business Media.

Kasabov, N. K. (1996). Podstawy sieci neuronowych, systemów rozmytych i inżynierii wiedzy. Marcel Alencar.

Kermani, B. G., Schiffman, S. S., & Nagle, H. T. (2005). Performance of the Levenberg-Marquardt neural network training method in electronic nose applications. Sensors and Actuators B, 110(1), 13-22.

Kessy, H. N., Wang, K., Zhao, L., Zhou, M., & Hu, Z. (2018). Wzbogacanie i biotransformacja związków fenolowych z perykarpu litchi o aktywności inhibicji angiotensyny i konwertowania enzymu (ace). LWT, 87, 301-309.

Khashei, M., & Bijari, M. (2010). An artificial neural network (p, d, q) model for timeseries forecasting. Expert Systems with Applications, 37(1), 479-489.

Khataee, A., Dehghan, G., Zarei, M., Ebadia, E., & M. , P. (2011). Neural network modeling of biotreatment of triphenylmethane dyeye solution by a green macroalgae. Chemical Engineering Research and Design, 89, 172-178.

Khataee, A., Movafeghi, A., Torbati, S., Lisar, S. S., & Zarei, M. (2012). Phytoremediation potential of duckweed (lemna minor l.) in degradation of ci acid blue 92: Modelowanie sztucznej sieci neuronowej. Ecotoxicology and Environmental Safety, 80, 291-298.

Khongkliang, P., Kongjan, P., Utarapichat, B., Reungsang, A., & Sompong, O. (2017). Continuous hydrogen production from cassava starch processing wastewater by two-stage thermophilic dark fermentation and microbial electrolysis. International Journal of Hydrogen Energy, 42(45), 27584-27592.

Koller, M. (2018). A review on established and emerging fermentation schemes for microbial production of polyhydroxyalkanoate (pha) biopolyesters. Fermentacja, 4(2), 30.

Kong, Z., Vanrolleghem, P., Willems, P., & Verstraete, W. (1996). Simultaneous determination of inhibition kinetics of carbon oxidation and nitrification with a respirometer. Water Research, 30(4), 825-836.

Kumar, G., Sivagurunathan, P., Park, J.-H., & Kim, S.-H. (2015). Anaerobic digestion of food waste to methane at various organic loading rates (olrs) and hydraulic retention times (hrts): thermophilic vs. mesophilic regimes. Environmental Engineering Research, 21(1), 69-73.

Kurniawan, T. A., Lo, W.-H., & Chan, G. Y. (2006). Degradation of recalcitrant compounds from stabilized landfill leachate using a combination of ozone-gac adsorption treatment. Journal of hazardous materials, 137(1), 443-455.

Kwon, S., Fan, M., Cooper, A. T., & Yang, H. (2008). Fotokatalityczne zastosowania mikro- i nano-TiO2 w inżynierii środowiska. Critical Reviews in Environmental Science and Technology, 38(3), 197-226.

Lambert, R. M., Williams, F., Palermo, A., & Tikhov, M. S. (2000). Modelowanie promocji zasad w niejednorodnej katalityce: kontrola elektrochemiczna in situ reakcji katalitycznych. Tematy w katalizie, 13(1-2), 91-98.

Lan, S., Feng, J., Xiong, Y., Tian, S., Liu, S., & Kong, L. (2017). Działanie i mechanizm piezokatalitycznej degradacji 4-chlorofenolu: Znalezienie skutecznego odchlorowania piezoelektrycznego. Environmental science & technology, 51(11), 6560- 6569.

Landau, I. (1974). A survey of model reference adapttive techniquesâtheory and applications. Automatica, 10(4), 353-379.

Längkvist, M., Karlsson, L., & Loutfi, A. (2014). A review of unsupervised feature learning and deep learning for time-series modeling. Pattern Recognition Letters, 42, 11-24.

Larsson, G., Maire, M., & Shakhnarovich, G. (2016). Fractalnet: Ultra-głębokie sieci neuronowe bez pozostałości. arXiv preprint arXiv:1605.07648.

Laurinavichene, T., Tekucheva, D., Laurinavichius, K., & Tsygankov, A. (2018). Wykorzystanie ścieków z gorzelni do produkcji wodoru w jedno- i dwuetapowych procesach fotofermentacji. Enzyme and Microbial Technology, 110, 1-7.

Le, Q. V., Ngiam, J., Coates, A., Lahiri, A., Prochnow, B., & Ng, A. Y. (2011). O metodach optymalizacyjnych dla głębokiego uczenia się. In Proceedings of the 28th international conference on international conference on machine learning (str. 265-272).

Omnipress. LeCun, Y., Bengio, Y., & Hinton, G. (2015). Głębokie uczenie się. Natura, 521(7553), 436.

Ledakowicz, S., Michniewicz, M., Jagiella, A., Stufka-Olczyk, J., & Martynelis, M. (2006). Eliminacja kwasów żywicznych poprzez zaawansowane procesy utleniania i ich wpływ na późniejszą biodegradację. Water Research, 40(18), 3439-3446.

Levenspiel, O. (1980). Równanie monodalne: rewizja i uogólnienie do sytuacji hamowania produktów. Biotechnology and Bioengineering, 22(8), 1671-1687.

Li, Y., Liao, X., Huling, S. G., Xue, T., Liu, Q., Cao, H., et al. (2019). The combined effects of surfactant solubilization and chemical oxidation on the removal of polycyclic aromatic hydrocarbon from soil. Science of the Total Environment, 647, 1106-1112.

Liang, M., & Hu, X. (2015). Konwulsyjna sieć neuronowa do rozpoznawania obiektów. In Proceedings of the ieee conference on computer vision and pattern recognition (pp. 3367-3375).

Liao, S.-H., Chu, P.-H., & Hsiao, P.-Y. (2012). Techniki i zastosowania eksploracji danych - przegląd dekady od 2000 do 2011 roku. Expert Systems with Applications, 39(12), 11303-11311.

Linsebigler, A. L., Lu, G., & Yates Jr, J. T. (1995). Photocatalysis on TiO2 surfaces: principles, mechanisms, and selected results. Chemical Reviews, 95(3), 735-758.

Lipton, Z. C., Berkowitz, J., & Elkan, C. (2015). A critical review of recurrent neural networks for sequence learning. arXiv preprint arXiv:1506.00019.

Liu, B. (2016). Monte-carlo modelowanie fotokatalizy nano-materiałów: pomostowa aktywność fotokatalityczna i mikroskopijna kinetyka ładunku. Physical Chemistry Chemical Physics, 18(16), 11520-11527.

Lobos, J. H., Leib, T., & Su, T.-M. (1992). Biodegradacja bisfenolu a i innych bisfenoli przez bakterię tlenową gram-ujemną... Applied and Environmental Microbiology, 58(6), 1823-1831.

Lopez-Lopez, C., Martín-Pascual, J., Martínez-Toledo, M., Muñío, M., Hontoria, E., & Poyatos, J. (2015). Kinetic modelelling of toc removal by H2O2/uv, photo-fenton and heterogeneous photocatalysis processes to treat dye-containing wastewater. International Journal of Environmental Science and Technology, 12(10), 3255-3262.

Low, J., Cheng, B., & Yu, J. (2017). Modyfikacja powierzchni i zwiększona wydajność fotokatalitycznej redukcji Co2 TiO2: A recenzja. Applied Surface Science, 392, 658-686.

Luong, J. (1987). Generalizacja kinetyki monodowej do analizy danych wzrostu z hamowaniem substratów. Biotechnology and Bioengineering, 29(2), 242-248.

Méndez-Arriaga, F., Gimenez, J., & Esplugas, S. (2008). Photolysis and TiO2 photocatalytic treatment of naproxen: Degradacja, mineralizacja, półprodukty i toksyczność. Journal of Advanced Oxidation Technologies, 11(3), 435-444.

Miikkulainen, R., Liang, J., Meyerson, E., Rawal, A., Fink, D., Francon, O., et al. (2019). Ewoluujące głębokie sieci neuronowe. W sztucznej inteligencji w dobie sieci neuronowych i obliczeń mózgowych (str. 293-312). Elsevier.

Miotto, R., Wang, F., Wang, S., Jiang, X., & Dudley, J. T. (2017). Głęboka nauka dla opieki zdrowotnej: Przegląd, możliwości i wyzwania. Briefings in Bioinformatics, 19(6), 1236-1246.

Mirbagheri, S. A., Bagheri, M., Bagheri, Z., & Kamarkhani, A. M. (2015). Evaluation and prediction of membrane fouling in a submerged membrane bioreactor with simultaneous upward and downward aeration using artificial neural network- genetic algorithm. Process Safety and Environmental Protection, 96, 111-124.

Misra, J., & Saha, I. (2010). Sztuczne sieci neuronowe w sprzęcie: Badanie dwóch dekad postępu. Neurocomputing, 74(1-3), 239-255.

Miyamoto, H., Kawato, M., Setoyama, T., & Suzuki, R. (1988). Feedback-error-learningowa sieć neuronowa do kontroli trajektorii manipulatora robota... Sieci neuronowe, 1(3), 251-265.

Monier, E., Paltsev, S., Sokolov, A., Chen, Y.-H. H., Gao, X., Ejaz, Q., et al. (2018). Toward a consistent modeling framework to assess multi-sectoral climate impacts. Nature Communications, 9(1), 660.

Myers, R. H., Montgomery, D. C., & Anderson-Cook, C. M. (2016). Metodologia powierzchni reakcji: optymalizacja procesów i produktów przy użyciu zaprojektowanych eksperymentów.

John Wiley & Sons. Nagy, Z. K. (2007). Model based control of a yeast fermentation bioreactor using optimally designed artificial neural networks. Chemical Engineering Journal, 127(1-3), 95-109.

Nam, K., Rodriguez, W., & Kukor, J. J. (2001). Enhanced degradation of polycyclic aromatic hydrocarbons by biodegradation combined with a modified Fenton reaction. Chemosfera, 45(1), 11-20.

Narendra, K. S., & Mukhopadhyay, S. (1997). Sterowanie adaptacyjne z wykorzystaniem sieci neuronowych i modeli przybliżonych. Transakcje IEEE na sieciach neuronowych, 8(3), 475- 485.

DO Nascimento, G. E., Napoleão, D. C., de Aguiar Silva, P. K., da Rocha Santana, R. M., Bastos, A. M. R., Zaidan, L. E. M. C., et al. (2018). Photo-assisted degradation, toxicological assessment, and modeling using artificial neural networks of reactive grey bf-2r dye. Water, Air, & Soil Pollution, 229(12), 379.

Nemerow, N. L., Agardy, F. J., & Salvato, J. A. (2009). Environmental engineering: prevention and response to water-, food-, soil-, and air-borne disease and illness.

Wiley. Nesbeth, D. N., Zaikin, A., Saka, Y., Romano, M. C., Giuraniuc, C. V., Kanakov, O., et al. (2016). Biologiczne drogi biologii syntetycznej do bio-sztucznej inteligencji. Essays in Biochemistry, 60(4), 381-391.

Noel, M. M., & Pandian, B. J. (2014). Control of a nonlinear liquid level system using a new artificial neural network based reinforcement learning approach. Applied Soft Computing, 23, 444-451.

Oh, W.-D., Dong, Z., & Lim, T.-T. (2016). Generacja siarczanowych rodników poprzez heterogeniczną katalizę do usuwania zanieczyszczeń organicznych: obecny rozwój, wyzwania i perspektywy. Applied Catalysis B, 194, 169-201.

DE Oliveira, T. F., Chedeville, O., Fauduet, H., & Cagnon, B. (2011). Stosowanie sprzężenia ozon/węgiel aktywowany do usuwania ftalanu dietylu z wody:

Wpływ właściwości teksturalnych i chemicznych węgla aktywnego. Odsalanie, 276(1-3), 359-365.

Oller, I., Malato, S., & Sánchez-Pérez, J. (2011). Combination of advanced oxidation processes and biological treatments for wastewater decontaminationâa review. Science of the Total Environment, 409(20), 4141-4166.

Ong, C. B., Ng, L. Y., & Mohammad, A. W. (2018). Przegląd nanocząsteczek ZnO jako fotokatalizatorów słonecznych: Synteza, mechanizmy i zastosowania. Renewable and Sustainable Energy Reviews, 81, 536-551.

Ottosen, L. M., Christensen, I. V., Rörig-Dalgaard, I., Jensen, P. E., & Hansen, H. K. (2008). Utilisation of electromigration in civil and environmental engineeringâprocesses, transport rates and matrix changes. Journal of Environmental Science and Health Part A, 43(8), 795-809.

Oulton, R. L., Kohn, T., & Cwiertny, D. M. (2010). Pharmaceuticals and personal care products in wastewater matrices: a survey of transformation and removal during wastewater treatment and implications for wastewater management. Journal of Environmental Monitoring, 12(11), 1956-1978.

Ovtcharov, K., Ruwase, O., Kim, J.-Y., Fowers, J., Strauss, K., & Chung, E. S. (2015). Akceleracja głębokich konwulsyjnych sieci neuronowych przy użyciu specjalistycznego sprzętu. Microsoft Research Whitepaper, 2(11), 1-4.

Pahigian, J. M., & Zuo, Y. (2018). Occurrence, endocrine-related bioeffects and fate of bisphenol a chemical degradation intermediates and impurities: A review. Chemosphere, 207, 469-480.

Pandian, B. J., & Noel, M. M. (2018). Kontrola bioreaktora przy użyciu nowego, częściowo nadzorowanego algorytmu uczenia się wzmocnienia. Journal of Process Control, 69, 16-29.

Pappu, J. S. M., & Gummadi, S. N. (2016). Modeling and simulation of xylitol production in bioreactor by debaryomyces nepalensis ncyc 3413 using unstructured and artificial neural network models. Bioresource Technology, 220, 490-499.

Parki, P. (1966). Liapunov przeprojektował wzorcowe adaptacyjne układy sterowania. IEEE Transactions on Automatic Control, 11(3), 362-367.

Pastore, C., Barca, E., Del Moro, G., Di Iaconi, C., Loos, M., Singer, H., et al. (2018). Comparison of different types of landfill leachate treatment by employment of nontarget screening to identify residual refractory organics and principal component analysis. Science of the Total Environment, 635, 984-994.

Patino, H. D., & Liu, D. (2000). System adaptacyjnego sterowania adaptacyjnego modelu referencyjnego opartego na sieci neuronowej. IEEE Transactions on Systems, Man, and Cybernetics, Part B (Cybernetics), 30(1), 198-204.

Pavel, L. V., & Gavrilescu, M. (2008). Przegląd technik dekontaminacji gleby exsitu. Environmental Engineering & Management Journal (EEMJ), 7(6).

Pendashteh, A. R., Fakhruâl-Razi, A., Chaibakhsh, N., Abdullah, L. C., Madaeni, S. S., & Abidin, Z. Z. (2011). Modeling of membrane bioreactor treating hypersaline oily wastewater by artificial neural network. Journal of Hazardous Materials, 192(2), 568-575.

Pera-Titus, M., Garcia-Molina, V., Baños, M. A., Giménez, J., & Esplugas, S. (2004). Degradacja chlorofenoli za pomocą zaawansowanych procesów utleniania: przegląd ogólny. Applied Catalysis B, 47(4), 219-256.

Pereira, V. J., Weinberg, H. S., Linden, K. G., & Singer, P. C. (2007). Uv degradation kinetics and modeling of pharmaceutical compounds in laboratory grade and surface water via direct and indirect photolysis at 254 nm. Environmental Science & Technology, 41(5), 1682-1688.

Pérez, A., Rodríguez-Santillan, J. L., Galicia, A., Chairez, I., & Poznyak, T. (2018). Strategia recyklingu wody zanieczyszczonej czernią reaktywną 5 w obecności dodatków poddanych prostej ozonacji. Ozonowanie, (właśnie przyjęte).

Pershin, Y. V., & Di Ventra, M. (2010). Eksperymentalna demonstracja pamięci skojarzonej z pamięcią sieci neuronowych. Sieci neuronowe, 23(7), 881-886.

Polyak, B., & Sherbakov, P. (2002). Solidna stabilność i kontrola. Moskwa, Rosja: Nauka.

Poznyak, A., Poliakow, A., & Azhmyakow, V. (2014). Atrakcyjne elipsoidy w solidnej kontroli. Springer.

Poznyak, A., Sanchez, E., & Yu, W. (2001). Differential neural networks for robust nonlinear control (Identification, state estimation and trajectory tracking). World Scientific.

Poznyak, A., Yu, W., SÃąnchez, E., & PĂl'rez, J. (1998). Analiza stabilności dynamicznych sieci neuronowych. Expert Systems and Applications, 14(1), 227-236.

Poznyak, A. S. (2008). Zaawansowane narzędzia matematyczne dla inżynierów sterowania automatycznego. Vol. 1: Techniki deterministyczne. Elsevier. Poznyak, T., & Araiza G, B. (2005). Ozonowanie niebiodegradowalnych mieszanin fenolu i pochodnych naftalenu w ściekach garbarskich. Ozonowanie mieszanin nieulegających biodegradacji fenolu i pochodnych naftalenu w ściekach garbarskich. 27(5), 351-357.

Poznyak, T., Chairez, I., & Poznyak, A. (2019). Ozonowanie i biodegradacja w inżynierii środowiska, dynamiczne podejście do sieci neuronowych. Elsevier.

Poznyak, T. I., Manzo, A., & Mayorga, J. L. (2003). Eliminacja chlorowanych nienasyconych węglowodorów z wody poprzez ozonowanie: Symulacja i porównanie danych doświadczalnych. Revista de la Sociedad Química de México, 47(1), 58-65.

Radac, M.-B., & Precup, R.-E. (2018). Bezdotykowa kontrola poślizgu układu przeciwblokującego z wykorzystaniem wzmocnienia q-learningowego. Neurocomputing, 275, 317-329.

Rao, C. (2007). Inżynieria kontroli zanieczyszczeń środowiska. New Age International. Razumovskii, S. D., & Zaikov, G. E. (1984). Ozon i jego reakcje ze związkami organicznymi. Ozon i jego reakcje ze związkami organicznymi. Elsevier.

Reible, D. (2017). Podstawy inżynierii środowiska. CRC Press.

Rivas, F. J. (2006). Policykliczne węglowodory aromatyczne sorbowane na glebach: krótki przegląd obróbki opartej na utlenianiu chemicznym. Journal of Hazardous Materials, 138(2), 234-251.

Rodríguez, J. L., Fuentes, I., Aguilar, C. M., Valenzuela, M. A., Poznyak, T., & Chairez, I. (2018). Ozonowanie katalityczne jako obiecująca technologia do zastosowania w uzdatnianiu wody: Zalety i ograniczenia. Ozonowanie w przyrodzie i praktyce. IntechOpen.

Rojas, R. (2013). Sieci neuronowe: systematyczne wprowadzenie. Springer Science & Business Media.

Roy, P., Periasamy, A. P., Liang, C.-T., & Chang, H.-T. (2013). Synteza nanokompozytów grafenowo-ZnO-au w celu efektywnej fotokatalitycznej redukcji nitrobenzenu. Environmental Science & Technology, 47(12), 6688-6695.

Rueda-Márquez, J., Sillanpää, M., Pocostales, P., Acevedo, A., & Manzano, M. (2015). Oczyszczanie wtórne biologicznie oczyszczonych ścieków zawierających zanieczyszczenia organiczne przy użyciu sekwencji zaawansowanych procesów utleniania na bazie H2O2: fotolizy i katalitycznego utleniania na mokro. Water Research, 71, 85-96.

Samarasinghe, S. (2016a). Sieci neuronowe dla nauk stosowanych i inżynierii: od podstaw do kompleksowego rozpoznawania wzorców. Publikacje Auerbacha. Samarasinghe, S. (2016b). Sieci neuronowe dla nauk stosowanych i inżynieryjnych: od podstaw do kompleksowego rozpoznawania wzorców: Od podstaw do kompleksowego rozpoznawania wzorców. Publikacje Auerbacha.

Sanches, S., Leitão, C., Penetra, A., Cardoso, V., Ferreira, E., Benoliel, M., et al. (2011). Direct photolysis of polycyclic aromatic hydrocarbons in drinking water sources. Journal of Hazardous Materials, 192(3), 1458-1465.

Sánchez-Polo, M., Leyva-Ramos, R., & Rivera-Utrilla, J. (2005). Kinetyka ozonowania kwasu 1, 3, 6-naftaleno-etrisulfonowego w obecności węgla aktywnego. Carbon, 43(5), 962-969.

Saravanan, R., Khan, M. M., Gupta, V. K., Mosquera, E., Gracia, F., Narayananan, V., et al. (2015). ZnO/Ag/CdO nanokompozyt do wywołanej światłem widzialnym fotokatalitycznej degradacji ścieków z przemysłowych wyrobów włókienniczych. Journal of Colloid and Interface Science, 452, 126-133.

Sastry, S., & Bodson, M. (1994). Kontrola adaptacyjna: stabilność, konwergencja i solidność. Prentice-Hall, Nowy Jork.

Schmidhuber, J. (2015). Głębokie uczenie się w sieciach neuronowych: Przegląd. Sieci neuronowe, 61, 85-117.

Schmitt, F., Banu, R., Yeom, I.-T., & Do, K.-U. (2018). Development of artificial neural networks to predict membrane fouling in an anoxic-aerobic membrane bioreactor treating domestic wastewater. Biochemical Engineering Journal, 133, 47- 58.

Schmitt, F., & Do, K.-U. (2017). Przewidywanie zanieczyszczenia membranowego przy użyciu sztucznych sieci neuronowych dla ścieków oczyszczanych przy użyciu technologii bioreaktorów membranowych:

wąskie gardła i możliwości. Environmental Science and Pollution Research, 24(29), 22885-22913.

Serpone, N., Artemev, Y. M., Ryabchuk, V. K., Emeline, A. V., & Horikoshi, S. (2017). Light-driven advanced oxidation processes in the disposal of emerging pharmaceutical contaminants in aqueous media: a brief review. Current Opinion in Green and Sustainable Chemistry, 6, 18-33.

Shanmuganathan, S. (2016). Sztuczne modelowanie sieci neuronowej: Wprowadzenie. W sztucznym modelowaniu sieci neuronowej (s. 1-14). Springer.

Shannon, M. A., Bohn, P. W., Elimelech, M., Georgiadis, J. G., Marinas, B. J., & Mayes, A. M. (2010). Science and technology for water purification in the coming decades. W Nanonauce i technice: Zbiór recenzji z czasopism przyrodniczych (s. 337-346). World Scientific.

Sheela, K. G., & Deepa, S. N. (2013). Przegląd metod ustalania liczby ukrytych neuronów w sieciach neuronowych. Problemy matematyczne w inżynierii, 2013.

Shemer, H., & Linden, K. G. (2007). Photolysis, oxidation and subsequent toxicity of a mixture of polycyclic aromatic hydrocarbons in natural waters. Journal of Photochemistry and Photobiology A, 187(2), 186-195.

Shi, S., & Xu, G. (2018). Nowatorski model przewidywania wydajności systemu biofilmu oczyszczającego ścieki domowe oparty na sieci głębokiego uczenia się z wykorzystaniem autokoderów denoisingowych. Chemical Engineering Journal, 347, 280-290.

Silva, A. M., Nouli, E., Xekoukoulotakis, N. P., & Mantzavinos, D. (2007). Effect of key operating parameters on phenols degradation during H2O2-assisted TiO2 photocatalytic treatment of simulated and actual olive mill wastewaters. Applied Catalysis B, 73(1-2), 11-22.

Silva, M., Coelho, M., & Araújo, O. (2018). Minimalizacja zawartości fenolu i azotu amoniakalnego w ściekach rafineryjnych z wykorzystaniem oczyszczania biologicznego. Engenharia Termica, 1(2), 33-37.

Sözen, A., Arcaklioglu, ˘ E., & Özalp, M. (2004). Estimation of solar potential in Turkey by artificial neural networks using meteorological and geographical data. Energy Conversion and Management, 45(18-19), 3033-3052.

Suthersan, S. S., Horst, J., Schnobrich, M., Welty, N., & McDonough, J. (2016). Inżynieria naprawcza: Koncepcje projektowe. CRC Press.

Suykens, J. A., Vandewalle, J. P., & de Moor, B. L. (2012). Sztuczne sieci neuronowe do modelowania i sterowania systemami nieliniowymi. Springer Science & Business Media.

Suzuki, K. (2011). Artificial neural networks: methodological advances and biomedical applications. BoD-Books on Demand.

Swanson, N. R., & White, H. (1995). Modelowe podejście do oceny informacji w pojęciowej strukturze przy użyciu modeli liniowych i sztucznych sieci neuronowych. Journal of Business & Economic Statistics, 13(3), 265-275.

Tian, Y., Zhang, J., & Morris, J. (2002). Optimal control of a fed-batch bioreactor based on an augmented recurrent neural network model. Neurocomputing, 48(1-4), 919-936.

Turolla, A., Piazzoli, A., Budarz, J. F., Wiesner, M. R., & Antonelli, M. (2015). Experimental measurement and modeling of reactive species generation in Tio2 nanoparticle photocatalysis. Chemical Engineering Journal, 271, 260-268.

Ungar, L. H. (1995). 16 a bioreaktor benchmarking for adapttive net work-based process control. In Neural networks for control (pp. 387-402).

Valdramidis, V., Belaubre, N., Zuniga, R., Foster, A., Havet, M., Geeraerd, A., et al. (2005). Development of predictive modelelling approaches for surface temperature and associated microbiological inactivation during hot dry air decontamination. International Journal of Food Microbiology, 100(1-3), 261-274.

Valentinotti, S., Srinivasan, B., Holmberg, U., Bonvin, D., Cannizzaro, C., Rhiel, M., et al. (2003). Optimal operation of fed-batch fermentations via adaptive control of overflow metabolit. Control Engineering Practice, 11(6), 665-674.

Vazquez-Rodriguez, G., Youssef, C. B., & Waissman-Vilanova, J. (2006). Dwuetapowe modelowanie biodegradacji fenolu przez aklimatyzowany osad czynny. Chemical Engineering Journal, 117(3), 245-252.

Vinod, A. V., Kumar, K. A., & Reddy, G. V. (2009). Symulacja procesu biodegradacji w bioreaktorze ze złożem fluidalnym z wykorzystaniem algorytmu genetycznego przeszkolonej sieci neuronowej typu feedforward. Biochemical Engineering Journal, 46(1), 12-20.

Walczak, S. (2019). Sztuczne sieci neuronowe. In Advanced methodologies and technologies in artificial intelligence, computer simulation, and human-computer interaction (pp. 40-53).

IGI Global. Wang, T., Gao, H., & Qiu, J. (2015). Połączona adaptacyjna sieć neuronowa i nieliniowy model sterowania predykcyjnego dla wieloprzepływowej kontroli procesów przemysłowych połączonych w sieć. IEEE Transactions on Neural Networks and Learning Systems, 27(2), 416-425.

Wen, J., Li, X., Liu, W., Fang, Y., Xie, J., & Xu, Y. (2015). Podstawy fotokatalizy i modyfikacja powierzchni nanomateriałów TiO2. Chinese Journal of Catalysis, 36(12), 2049-2070.

Wert, E. C., Rosario-Ortiz, F. L., Drury, D. D., & Snyder, S. A. (2007). Formation of oxidation byproducts from ozonation of wastewater. Water Research, 41(7), 1481-1490.

Xu, L., Ren, J. S., Liu, C., & Jia, J. (2014). Deep convolutional neural network for image deconvolution. In Advances in neural information processing systems (pp. 1790-1798).

Yamanè, T., & Shimizu, S. (1984). Techniki paszowe w procesach mikrobiologicznych. W kontroli parametrów procesu biologicznego (s. 147-194). Springer.

Yang, H., & Liu, J. (2018). Metoda adaptacyjnej kontroli sieci neuronowej rbf dla klasy systemów nieliniowych. IEEE/CAA Journal of Automatica Sinica, 5(2), 457-462.

Yang, L., Si, B., Martins, M. A., Watson, J., Chu, H., Zhang, Y., et al. (2018). Improve the biodegradability of post-hydrothermal liquefaction wastewater with ozon: conversion of phenols and n-heterocyclic compounds. Water Science and Technology, 2017(1), 248-255.

Yang, S. X., Zhu, A., Yuan, G., & Meng, M. Q.-H. (2011). Bioinspirowane neurodynamiczne podejście do kontroli śledzenia robotów mobilnych. IEEE Transactions on Industrial Electronics, 59(8), 3211-3220.

Yordanov, R., Melvin, M., Law, S., Littlejohn, J., & Lamb, A. (1999). Effect of ozone pre-treatment of coloured upland water on some biological parameters of sand filters. Ozon, 21(6), 615-628.

Yoshida, H., Miyashita, Y., & Sasaki, S.-i. (1996). Modelowanie halometanów przy użyciu sieci neuronowych. Chemometrics and Intelligent Laboratory Systems, 32(2), 193-199.

Młody, P. (1998). Modelowanie mechanistyczne oparte na danych systemów środowiskowych, ekologicznych, ekonomicznych i inżynieryjnych. Modelowanie środowiskowe i oprogramowanie, 13(2), 105-122.

Zainab, R., Vijayaraghavalu, S., Prasad, H. K., & Kumar, M. (2019). Oczyszczanie i recykling ścieków z przemysłu mleczarskiego. In R. Singh, & R. Singh (Eds.), Advances in Biological Treatment of Industrial Wasteewater and their Recycling for a Sustainable Future. Stosowane nauki środowiskowe i inżynieria dla zrównoważonej przyszłości. Singapur: Springer.

Zhao, Z., Lou, Y., Chen, Y., Lin, H., Li, R. i Yu, G. (2019). Prediction of interfacial interactions related with membrane fouling in a membrane bioreactor based on radial basis function artificial neural network (ANN). Technologia zasobów biologicznych.

Zheng, S., Jayasumana, S., Romera-Paredes, B., Vineet, V., Su, Z., Du, D., et al. (2015). Warunkowe pola losowe jako rekurencyjne sieci neuronowe. In Proceedings of the ieee international conference on computer vision (pp. 1529-1537).

Zhou, Y., Li, G., Dong, J., Xing, X.-h., Dai, J., & Zhang, C. (2018). Miya, an efficient machinee-learning workflow in conjunction with the yeastfab assembly strategy for combinatorial optimization of heterologous metabolic pathways in saccharomyces cerevisiae. Metabolic Engineering, 47, 294-302.

Zielinska, ´ B., Grzechulska, J., Kalenczuk, ´ R. J., & Morawski, A. W. (2003). The pH influence on photocatalytic decomposition of organic colours over a11 and p25 titanium dioxide. Applied Catalysis B, 45(4), 293-300.

Zou, J., Han, Y., & So, S.-S. (2008). Przegląd sztucznych sieci neuronowych. W Sztucznych Sieciach Neuronowych (s. 14-22). Springer.

Shiliang Liu, Wenping Li. 2019. Analiza wrażliwości wskaźników dla geologicznych wzorców inżynieryjno-środowiskowych spowodowanych przez podziemne wydobycie węgla z integracją teorii zmiennej masy i ulepszonym modelem wydłużenia materii. Science of the Total Environment, Volume 686, 10 October 2019, Pages 606-618.

Xiaodan Chen, Hao Wang, Husam Najm, Giri Venkiteela, John Hencken. 2019. Ocena właściwości inżynieryjnych i wpływu na środowisko przepuszczalnego betonu z popiołem lotnym i żużlem. Journal of Cleaner Production, Volume 237, 10 November 2019, Article 117714.

Bestami Özkaya, Anna H. Kaksonen, Erkan Sahinkaya, Jaakko A. Puhakka. 2019.bioreaktor ze złożem fluidalnym dla wielu rozwiązań inżynierii środowiska. Water Research, Volume 150, 1 March 2019, Pages 452-465.

Anna H.Kaksonen, Erkan Sahinkaya, Jaakko A.Puhakka,. 2018.bioreaktor ze złożem fluidalnym dla wielu rozwiązań inżynierii środowiska. Bestami Özkaya, https://doi.org/10.1016/j.watres.2018.11.061. Badania nad wodą. Tom 150, 1 marca 2019, strony 452-465.

Baotong Zhu, Yingying Chen, Na Wei.2019.Engineering Biocatalytic and Biosorptive Materials for Environmental Applications. Trendy w biotechnologii, tom 37, wydanie 6, czerwiec 2019, strony 661-676.

Meng Zhang, Jun Gu, Yu Liu.2019. Wykonalność inżynieryjna, opłacalność ekonomiczna i zrównoważenie środowiskowe odzyskiwania energii z podtlenku azotu w biologicznej oczyszczalni ścieków. Bioresource Technology, Tom 282, czerwiec 2019, str. 514-519.

E. M. A. Strain, R. L. Morris, M. J. Bishop, E. Tanner. 2019.Budowa niebieskiej infrastruktury: Assessing the key environmental issues and priority areas for ecological engineering initiatives in Australia's metropolitan embayments. Journal of Environmental Management, Volume 230, 15 January 2019, Pages 488-496.

Podręcznik inżynierii środowiska EPA. JR Boulding - 2019 - content.taylorfrancis.com. Cecil Cross, Science Applications International Corporation (SAIC), Cincinnati, OH.

Inżynieria środowiskowa jako narzędzie zmniejszania ryzyka produkcji przemysłowej w regionie. E Afanasieva, O Koreva, V Tikhii - Science and Engineering, 2019 - iopscience.iop.org.

Saeed Ghaffari, Nasser Talebbeydokhti.2013.Status edukacji w zakresie inżynierii środowiska w różnych krajach w porównaniu z sytuacją w Iranie. Procedia - Nauki społeczne i behawioralne, tom 102, 22 listopada 2013 r., s. 591-600.

Nguyen, D. Q., & Pudlowski, Z. J. Przegląd edukacji w zakresie inżynierii środowiska w ostatniej dekadzie: perspektywa globalna. 2nd WIETE Annual Conference on Engineering and Technology Education, Pattaya, Thailand. 2011.

Poszukiwanie globalnego modelu edukacji w zakresie inżynierii środowiska Duyen Q. Nguyen Monash University Melbourne, Australia. World

Transactions on Engineering and Technology Education. 2002 UICEE Vol.1, No.1, 2002.

ENVIRONMENTAL ENGINEERING EDUCATION IN IRAN: NEEDS, PROBLEMS AND SOLUTIONS Mohammad Reza Alavi Moghaddam* , Reza Maknoun, Ahmad Tahershamsi. Environmental Engineering and Management Journal November/December 2008, Vol.7, No.6, 775-779 http://omicron.ch.tuiasi.ro/EEMJ/. "Gheorghe Asachi" Technical University of Iasi, Rumunia.

Edukacja w zakresie inżynierii środowiska w Ameryce Północnej P.L. Bishop Department of Civil and Environmental Engineering, University of Cincinnati, P.O. Box 210071, Cincinnati, OH 45221-0071, USA. Water Science and Technology Vol 41 No 2 pp 9-16 © IWA Publishing 2000.

Amjad Kallel, Zeynal Abiddin Erguler, et al. 2018. Recent advances in Geo-Environmental Engineering, Geomechanics and Geotechnics, and Geohazards. Proceedings of the 1st Springer conference of the Arabian Journal of Geosciences (CAJG-1) , Tunisia 2018.

Carmen Teodosiu a , Anton Friedl b , Krzysztof Urbaniec c,*.2014. Raport z konferencji Raport z konferencji 7. Międzynarodowa Konferencja Inżynierii Środowiska i Zarządzania ICEEM07 . Spisy treści dostępne w ScienceDirect Journal of Cleaner Production. Journal of Cleaner Production 67 (2014) 291e292.

Richard W. McLay, Joel A. Miele. Rozdział V: An Environmental Engineering Case Study Engineering Standards for Forensic Application, 2019, strony 69-75.

Hterojunkcje projektowe i inżynieryjne do fotoelektrochemicznego monitoringu zanieczyszczeń środowiska: Przegląd. Kataliza stosowana B: Środowiskowa, Tom 248, 5 lipca 2019 r., Strony 405-422. Lei Shi, Yu Yin, Lai-Chang Zhang, Shaobin Wang, Hongqi Sun.

Noor Ezlin Ahmad Basri, Shahrom Md. Zain, Othman Jaafar, Hassan Basri, Fatihah Suja.2012. Wprowadzenie do inżynierii środowiska: Podejście do nauki oparte na problemach w celu zwiększenia świadomości ekologicznej wśród studentów inżynierii lądowej i wodnej. Procedury - Nauki społeczne i behawioralne, tom 60, 17 października 2012 r., s. 36-41.

Odpady z recyklingu piasku odlewniczego jako trwałego materiału budowlanego do wypełniania i układania rur: Inżynieria i ocena środowiskowa.

Zrównoważone miasta i społeczeństwo, tom 28, styczeń 2017, strony 343-349.

Carmen Teodosiu, Francesc Castells. 2017. Inżynieria i zarządzanie środowiskiem, Postępy i wyzwania dla zrównoważonego rozwoju: Wprowadzenie do ICEEM08. Bezpieczeństwo procesów i ochrona środowiska, tom 108, maj 2017, str. 1-6.

Asher Brenner, Mordechaj Shacham, Michael B. Cutlip. 2005. Zastosowania pakietów oprogramowania matematycznego do modelowania i symulacji w edukacji inżynierskiej w zakresie ochrony środowiska. Modelowanie i oprogramowanie środowiskowe, tom 20, wydanie 10, październik 2005, str. 1307-1313.

F. GutiéRrez-MartíN, M. F. Dahab. .1998. Zagadnienia zrównoważonego rozwoju i zapobiegania zanieczyszczeniom w edukacji w zakresie inżynierii środowiska. Water Science and Technology, Volume 38, Issue 11, 1998, str. 271-278.

Jozefina Drotarova, Monika Blistanova, 2015. Znaczenie i optymalizacja procesu edukacyjnego w zakresie zarządzania środowiskiem i inżynierii środowiska dla menedżerów bezpieczeństwa. Procedury - Nauki społeczne i behawioralne, tom 186, 13 maja 2015 r., str. 1050-1054.

Rao Bhamidimarri, Ken Butler. 1998. Edukacja w zakresie inżynierii środowiska w tysiącleciu: Zintegrowane podejście. Water Science and Technology, Volume 38, Issue 11, 1998, Pages 311-314.

Theo G. Schmitt, Peter A. Wilderer. 1996. Edukacja w zakresie inżynierii środowiska w Niemczech. Water Science and Technology, Volume 34, Issue 12, 1996, Pages 183-190.

Tsair-Fuh Lin, Veeriah Jegatheesan, Li Shu, Eldon Raj Rene. 2020. Challenges in Environmental Science/Engineering and Emerging Sustainable Practices for Future Water Conservation. Chemosfera, tom 238, styczeń 2020 r., artykuł 124591.

R. Van Der Vorst. 1994. Edukacja w zakresie inżynierii środowiska jako zagadnienie edukacji w zakresie kontroli. IFAC Proceedings Volumes, Volume 27, Issue 9, August 1994, Pages 65-68.

S. E. Mbuligwe. 2011. Diverse Options for Diverse Environmental Health Engineering Needs: Uzasadnienie, technologie i praktyki. Encyklopedia zdrowia środowiskowego, 2011, s. 147-157.

R. Liang, G. Hota. 2013. 16: Kompozyty z polimerów wzmocnionych włóknem szklanym (FRP) w zastosowaniach inżynierii środowiska. Developments in Fiber-Reinforced Polymer (FRP) Composites for Civil Engineering, 2013, Pages 410-468.

T. F. H Allen, M. Giampietro, A. M Little. 2003.Odróżnienie inżynierii ekologicznej od inżynierii środowiskowej. Inżynieria ekologiczna, tom 20, wydanie 5, październik 2003, str. 389-407.

VU̒gants E, Blumberga A, Ţjabs I, Timma L. Dynamika zastępowania technologii: przypadek dyfuzji ekoinnowacji. J Cleaner Production 2014; w ramach peer-review: 24 p.

Alan Manning.1992.Pragmatyczne możliwości oprzyrządowania i automatyzacji w ramach systemów inżynierii środowiska. ISA Transactions, Tom 31, wydanie 1, 1992, str. 9-15.

Rakesh Agrawal, Subhas K Sikdar. 2013. Energetyka i inżynieria środowiska. Current Opinion in Chemical Engineering, Volume 2, Issue 3, August 2013, Pages 271-272.

Marinus Otte. 2013. Wprowadzenie do inżynierii środowiska. Wskaźniki ekologiczne, tom 24, styczeń 2013, strona 82.

Vilas G Pol.2016. Przegląd redakcyjny: Energetyka i inżynieria środowiska: Nowoczesna efektywność energetyczna (E4). Current Opinion in Chemical Engineering, Volume 13, August 2016, Pages vii-viii.

Eugene P. Odum. 1994. Redakcja. Inżynieria ekologiczna i środowiskowa: Potencjał postępu. Inżynieria ekologiczna, Tom 3, wydanie 2, czerwiec 1994, str. 107-119.

B. J. Williams. 1995. Interfejsowe modele inżynierii środowiska z wykorzystaniem technik obiektowych. Environment International, Volume 21, Issue 5, 1995, Pages 753-756.

Wenqiang Sun, Xiandong Xu, Ziqiang Lv, Hujun Mao, Jianzhong Wu. 2019. Ocena oddziaływania na środowisko odprowadzania ścieków z wielozanieczyszczającymi substancjami z hutnictwa żelaza i stali. Journal of Environmental Management, Volume 245, 1 September 2019, Pages 210-215.

Lewis Clark. 1996. Rekultywacja wód gruntowych i podpowierzchniowych: Strategie badawcze dla technologii In-situ: Redakcja: Helmut Kobus, Baldur Barczewski i Hans-Peter Koschitsky. Environment Engineering Series,

Springer-Verlag, 1996, ISBN 3-540-60916-4, 337 str. Cena DM 148,00.
Zanieczyszczenie środowiska, Tom 94, wydanie 1, 1996, str. 101-102.

FSC
www.fsc.org
MIX
Papier | Fördert
gute Waldnutzung
FSC® C083411

Kolibri 360 GmbH
Ferdinand-Jühlke-Straße 7
99095 Erfurt, Deutschland
produktsicherheit@kolibri360.de

Druck:
CPI Druckdienstleistungen GmbH
im Auftrag der
Kolibri 360 GmbH
Ferdinand-Jühlke-Str. 7
99095 Erfurt